视频剪辑与制作

必修课 （Premiere版）

赵申申 ◎ 编著

清华大学出版社

北京

内 容 简 介

本书是一本实用性强的短视频设计类图书，注重短视频设计与制作的行业理论及项目应用。本书循序渐进地讲解了理论知识和软件操作。

本书共设置7个章节。其内容包括视频剪辑、视频调色、配乐与音效、视频特效、视频动画、为视频添加文字、视频的常见创作类型，并对各章的项目进行了详细的理论解析和软件操作步骤讲解。

本书针对初级和中级从业人员，适合作为高校相关专业教材、社会培训教材使用。

图书在版编目 (CIP) 数据

视频剪辑与制作必修课：Premiere 版 / 赵申申编著 .

北京 : 清华大学出版社 , 2025. 8. -- ISBN 978-7-302-69604-9

Ⅰ . TP317.53

中国国家版本馆 CIP 数据核字第 2025YN1056 号

责任编辑：韩宜波
封面设计：杨玉兰
责任校对：桑任松
责任印制：沈 露

出版发行：清华大学出版社
　　　　　网　　　址：https://www.tup.com.cn, https://www.wqxuetang.com
　　　　　地　　　址：北京清华大学学研大厦 A 座　　　邮　　编：100084
　　　　　社 总 机：010-83470000　　　　　　　　　邮　　购：010-62786544
　　　　　投稿与读者服务：010-62776969，c-service@tup.tsinghua.edu.cn
　　　　　质 量 反 馈：010-62772015，zhiliang@tup.tsinghua.edu.cn
印 装 者：三河市君旺印务有限公司
经　　销：全国新华书店
开　　本：185mm×260mm　　　　　**印　　张：**11.5　　　**字　　数：**280 千字
版　　次：2025 年 8 月第 1 版　　　　**印　　次：**2025 年 8 月第 1 次印刷
定　　价：69.80 元

产品编号：102827-01

前 言 Preface

基于视频在各个领域的广泛应用，我们编写了本书。本书选择了视频设计中较为实用的经典案例，涵盖了视频设计的多个应用方向。

本书分为三大部分：第一部分为视频剪辑，详细介绍视频剪辑中的基础知识、技巧；第二部分为视频核心技术应用，详细讲解了视频调色、配乐、特效、动画、文字；第三部分为应用型项目实战，详细介绍了从项目的思路到制作步骤。使读者既可以掌握短视频设计的行业理论，又可以掌握Premiere的相关操作，还可以了解完整的项目制作流程。

本书共分7章，内容安排如下。

第1章 视频剪辑，包括认识视频、视频制作前的准备工作、实操案例等。

第2章 视频调色，讲解了色彩原理、调色与色彩修正、实操案例等。

第3章 配乐与音效，包括声音与音频的分类、音频处理与音效应用、音频叙事与情感传达、实操案例等。

第4章 视频特效，包括认识视频特效、视频特效的分类、实操案例等。

第5章 视频动画，包括认识动画、动画类型、实操案例等。

第6章 为视频添加文字，包括认识文字、实操案例等。

第7章 视频的常见创作类型及实践，包括认识视频的常见创作类型、实操案例等。

本书特色如下。

◎ 结构合理。本书第1章讲述视频剪辑基础知识；第2～6章讲述视频核心技术应用；第7章讲述视频项目案例应用。

◎ 编写细致。本书详细地介绍了视频的应用项目实战，大部分项目详细介绍了设计思路、配色方案、项目实战及步骤。完整度极高，最大程度还原了项目设计的全流程操作，使读者身临其境般"参与"项目设计。

◎ 实用性强。精选时下热门应用，同步实际就业方向、应用领域。

本书采用Premiere Pro 2024进行编写，请选择相同的软件版本或更高的版本，避免出现打开错误等问题。

本书提供了案例的素材文件、效果文件以及视频文件，扫一扫下面的二维码，推送到自己的邮箱后下载获取。

素材效果

教学视频

本书由赵申申编写，其他参与本书内容编写和整理工作的人员还有杨力、王萍、李芳、孙晓军、杨宗香。

由于时间仓促，加之水平有限，书中难免存在欠妥之处，敬请广大读者批评和指出。

编　者

目 录 Contents

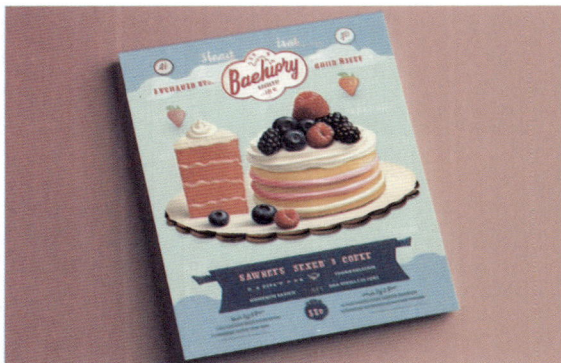

第 1 章

视频剪辑

视频剪辑在社交媒体和数字营销中变得越来越重要。本章将带你了解视频制作的基础，包括其发展历程、核心要素和原则等。还会探讨不同视频平台的特点，帮助理解这些平台如何影响内容创作。视频剪辑内容包括拍摄前的准备工作（如所需的硬件设备和软件工具）、构图技巧（如三分法则和对称构图），以及光线的运用（自然光和人造光）。此外，还将讨论稳定拍摄的方法，确保能从拍摄准备、角度选择到后期调整，全面了解视频制作的每个步骤。

1.1 认识视频

视频根据长度可分为长视频和短视频。短视频因其简洁易消化的特性，正好迎合了年轻人快节奏、高效率的生活方式。短视频的兴起不仅推动了信息传播的变革，也为普通用户提供了一个表达和创作的平台。每个人都能自由地制作和分享有趣、创意十足的视频，成为社交互动的新媒介。

1.1.1 短视频的发展与前景

短视频的出现打破了传统视频创作的门槛，让普通人也能轻松地创作和分享视频内容。随着数字时代的到来和智能手机技术的发展，各种短视频平台纷纷上线，短视频也迅速普及开来。短视频的发展可以分为三个阶段。

（1）初始阶段。在这个阶段中短视频主要由用户生成内容为主导，形式和内容都比较简单。各个平台和创作者在此阶段主要是试探和尝试短视频的创作方式和商业模式。

（2）发展阶段。短视频逐渐获得了大家广泛的关注和认可。越来越多的专业内容开始涌现，平台也推出了多种功能和特性，丰富了内容形式，提高了内容质量。

（3）成熟阶段。现在，短视频行业已经进入了成熟期，重点在于优质内容的生产和商业模式的创新，同时与其他领域进行更多的融合和创新。行业开始规范化，平台也推出了更多创新功能以吸引用户和创作者。

随着移动通信技术的普及和智能设备的不断更新，短视频的未来前景非常广阔。市场规模将持续扩大，行业会更加注重创新和品质，内容将更加丰富多元化，同时社交属性也会进一步强化，以满足用户多样化的需求。

1.1.2 短视频的优势与劣势

1. 短视频的优势

相较于传统视频形式，短视频在时长、内容与传播速度上的优势显而易见。具体表现在以下几个方面。

信息量大：短视频以简洁的形式呈现，可以在短时间内传达大量的信息，具有高效性。

内容丰富：短视频涵盖生活、文化、科技和娱乐等多个领域，能够满足不同用户的需求。

互动性与用户黏性高：有趣的内容可以吸引观众的注意，评论、点赞和分享等功能增强了用户的参与感。

易于传播：短视频通过社交媒体和互联网迅速传播，用户可以随时随地观看。

实时性高：短视频可以及时传达最新信息和事件，提升了信息的时效性。

制作成本低：随着智能手机的普及和社交媒体的发展，短视频的制作和发布变得更加便捷，降低了制作成本。

2．短视频的劣势

短视频受时长与娱乐性等因素的影响，会出现质量与准确性方面的问题。具体表现在以下几个方面。

内容质量参差不齐：短视频的制作门槛相对较低，一些创作者可能因缺乏专业知识和技能而难以制作出高质量的短视频。

时长限制导致信息表达不完整：短视频的时长有限，只能对主题进行简单介绍或表达观点，可能会影响用户对内容的理解和接收。

难以形成深度内容：短视频受时长与创作者限制，只能对主题或事件进行简单的介绍或展示，缺乏深入探讨与分析。

易产生沉迷和浪费时间的问题：短视频内容轻松娱乐化，易吸引用户注意力而产生沉迷感，过度观看可能会浪费大量时间和精力，影响工作和生活。

如图1-1～图1-3所示，这是美食类短视频的几个截图。

图1-1

图1-2

图1-3

1.1.3　视频的基本名词

了解与视频相关的基本名词，可以帮助创作者把握视频创作的核心要素，理解视频创作的思路和技巧，从而更好地进行视频剪辑和编辑工作。

画面：画面是指视频中呈现的图像和视频片段。

帧：帧是视频的基本单元。视频是由一系列快速显示的静止图像组成，每一帧都是这个连续图像中的一个单独画面。

帧率：视频的帧率是指每秒显示的视频图像的数量，它决定了视频的流畅度和动态效果。视频帧率包括24帧/秒、30帧/秒、50帧/秒和60帧/秒等。

码率：码率是指数据传输时每秒传送的数据量，它决定了视频的质量和文件大小。码率越高，画面越清晰，但会导致文件大小增加和上传速度变慢。

比例：画面比例是视频宽高比例，影响视频效果和观感。常见的比例有16∶9、9∶16、1∶1、4∶3等。选择合适比例可优化在不同屏幕上的显示效果。

分辨率：视频分辨率是指视频图像的清晰程度，它表示垂直和水平方向上所能显示的像素数量，通常以"宽度×高度"的方式表示。视频的分辨率包括480p、720p、1080p、2K和4K等。

视频格式：视频格式是指视频文件的编码方式，影响播放质量和文件大小。主要分为本地影像视频（如MP4、AVI）和网络流媒体视频（如FLV），它们在质量、文件大小和播放稳定性上有所不同。

音频：音频是以电子形式储存和处理声音的结果。它可以是视频素材中的原声，也可以是后期添加的背景音乐、录音与音效等。音频可以与视频一起编辑和播放。

音频格式：音频格式决定了音频数据的存储和压缩方式，影响音质和兼容性。常见格式有MP3、WAV和AAC等。

时间轴：时间轴用于组织和编辑视频片段，水平显示时间流逝，垂直显示不同轨道。通常包括主视频轨道、副轨道（画中画）和音频轨道。

文本：文本是指视频编辑过程中添加的文字内容，可以根据标题、字幕和注释的需要，选择字体、字号、颜色与样式等。

剪辑点：剪辑点是指两个镜头之间的转换点，准确选择剪辑点可以使不同镜头之间的衔接更加自然、流畅。

转场：转场是指两个镜头或片段之间的过渡效果，如闪白、叠加溶解、擦除和模糊等。

特效：特效是指在视频编辑过程中添加各种特殊效果，例如动画特效和文字动效等。

滤镜：滤镜是实现视频或图像特殊效果的工具，应用滤镜效果可以改变视频的质感、氛围与风格，为视频增添艺术感。

调色：调色是指对视频画面的颜色进行精细的调整，以改变画面的色彩表现，创造特殊的视觉效果。

1.1.4　视频剪辑的核心要素

短视频可以为人们的娱乐生活带来更多色彩，还能传递丰富的信息以及进行高效的营销推广。准确把握视频的核心要素，可以增强视频作品的观赏性与表现力，提高视频的观看率与传播效果。

创意：创意是视频制作的核心，一个好的创意能够吸引观众的注意力，让视频作品更具吸引力和独特性。

内容：内容的质量是吸引观众的重要因素。清晰的画面、引人入胜的故事以及合理的剧情设置可以提高视频的质量与视觉效果。

视频结构与节奏：制作视频前需进行整体规划，控制视频长度和节奏，使观众更容易理解视频的主题与内容。

剪辑：剪辑是视频制作的关键环节，通过剪辑将不同素材、镜头与音频整合，可以增强视频的节奏感、故事性和视觉效果，影响观众的观看体验。

情感：一个好的视频应该能够引起观众的情感共鸣。音乐和音效是视频的重要元素，正确的背景音乐能够为视频增添情感元素，提高视频的氛围效果，使观众更加投入。

如图1-4和图1-5所示为某教学类短视频的两个截图。

图1-4　　　　　　　　　　　　　　　　图1-5

1.1.5　视频制作的原则

视频制作原则是创作者实现优质创意、内容、剪辑、音效和视觉效果的重要指南。通过遵循这些原则，创作者可以制作出较高质量、具有较高观赏价值，且贴近观众的需求和兴趣的视频，从而激发观众的兴趣和共鸣。

明确主题：确定目标和主题是视频制作的第一步，它为内容创作提供了明确的方向和指导。只有深入了解目标观众的需求和兴趣，才能创作出能够与观众建立有效联系的视频作品。

内容为主：优质的内容是吸引观众的核心。创作者应注重内容的独特性、价值性和吸引力，确保内容能够满足观众的需求，引发观众的思考或情感共鸣，从而让观众愿意投入时间观看。

黄金5秒准则：视频的前5秒是吸引观众注意力的关键。需要在前5秒中快速切入主题，呈现有趣和引人注目的内容，以吸引观众继续观看。

热点话题：热点话题自带关注度和话题度，紧跟当下流行元素和热门话题可以提高视频的曝光率和点击率。

最佳时长：短视频的时长一般控制在15秒到30秒之间为最佳。超过30秒会导致其完播率大幅度下降。

统一视频封面风格：视频封面是视频的第一眼印象，经过精心的设计排版，统一封面与内容的元素及风格，可以帮助观众识别作品，增加视频的点击率和观看量。

1.1.6　视频平台

视频平台作为信息传播和社交互动的重要媒介，不仅为用户提供了丰富多彩的内容，还为创作者提供了展示才华、吸引粉丝和实现商业价值的平台。下面将介绍几个主流视频平台的主要特点、用户群体和算法机制，以及平台选择对创作者的重要性。几个主流视频平台的标志如图1-6所示。

抖音　快手　视频号　小红书

淘宝　微博　知乎　哔哩哔哩

图1-6

1. 抖音

1）主要特点

智能推荐算法：抖音的算法能够根据用户的观看习惯、点赞、评论和分享等行为，个性化推荐内容，确保用户始终接收到感兴趣的视频。

丰富的滤镜和特效：抖音提供多种滤镜、特效和音乐，让创作者能够轻松制作出高质量、创意十足的视频。

互动功能强大：抖音的评论、点赞、转发和私信功能使得用户之间的互动非常活跃，增强了社区氛围。

2）用户群体

年轻人：主要为18～35岁的年轻用户，他们喜欢新奇、有趣和高颜值的视频内容。

内容创作者：包括普通用户、网红、品牌和媒体等，他们通过创作视频吸引粉丝并实现获利。

3）算法机制

兴趣推荐：基于用户行为数据（如观看时长、点赞、评论等），不断优化推荐算法，提高用户黏性。

热度加权：视频的点赞、评论、转发等行为都会影响其热度，从而影响推荐权重。

2. 快手

1）主要特点

草根文化：快手鼓励普通人分享自己的生活，内容更加真实和接地气。

社交属性：用户之间可以通过关注、评论、私信等方式建立联系，形成紧密的社交网络。

直播功能：快手的直播功能非常强大，许多用户通过直播与粉丝互动并实现收入。

2）用户群体

广泛的年龄层：从小学生到中老年人，各个年龄段的用户都有覆盖。

二、三线城市用户：快手在二、三线城市及乡村地区具有很高的渗透率。

3）算法机制

社交推荐：不仅基于用户的行为数据，还注重社交关系的推荐，用户更容易看到朋友或关注者的内容。

内容平权：鼓励多样化的内容创作，草根用户也有机会获得大量曝光。

3. 视频号

1）主要特点

微信生态优势：视频号作为微信平台的一部分，能够直接连接微信好友、微信群和公众号，实现内容的广泛传播和社交互动。

丰富的创作工具：提供多样化的视频制作工具，包括滤镜、特效、音乐等，方便用户创作高质量的视频内容。

商业化机会：支持电商和直播功能，创作者可以通过视频号进行商品推广和直播带货，实现获利。

2）用户群体

微信用户：涵盖各个年龄段的微信用户，尤其是30岁以上的中年用户和职场人群。

内容创作者：包括普通用户、企业、媒体和品牌，通过视频号推广产品、服务和个人品牌。

3）算法机制

社交推荐：基于用户的社交关系和互动行为，推荐好友、关注者和群组成员发布的视频内容，增强社交属性。

内容质量权重：视频的点赞、评论、转发等行为会影响其推荐权重，优质内容更容易获得曝光。

4. 小红书

1）主要特点

社区分享：用户通过图文和视频分享生活方式、美妆、时尚、美食等内容。

种草平台：用户喜欢在小红书上寻找产品推荐和购物攻略，极具消费引导力。

内容精致：内容创作者注重图片和视频的质量，呈现美观的视觉效果。

2）用户群体

年轻女性：主要为18～35岁的女性用户，她们关注美妆、时尚和生活方式等内容。

消费群体：注重品质生活和消费体验的用户。

3）算法机制

兴趣推荐：基于用户的浏览、点赞、收藏和评论行为，推荐相应的内容。

关键词搜索：用户通过搜索关键词找到相关内容，平台也会根据搜索记录优化推荐。

5. 微博

1）主要特点

信息发布平台：微博是一个基于用户关系的信息分享、传播及获取平台，支持图文、视频、直播等多种内容形式。

热点话题：微博上的话题和热搜榜是用户了解最新事件和趋势的重要途径。

明星效应：许多明星和名人活跃在微博，通过发布动态与粉丝互动，扩大影响力。

2）用户群体

广泛用户基础：覆盖各个年龄层的用户，尤其是在一、二线城市有较高的用户活跃度。

关注时事和娱乐的用户：用户通过微博获取新闻、娱乐八卦和热点话题等内容。

3）算法机制

热点推荐：通过算法捕捉热点话题和高互动量内容，推荐给用户。

关注推荐：基于用户的关注和兴趣标签，推荐相关内容。

选择适合的视频平台对创作者来说至关重要，不同平台的用户群体、内容风格和推荐机制会影响创作者的内容传播效果和粉丝增长。以下是几点建议。

了解用户群体：创作者应根据自己的内容风格和目标受众选择平台。例如，时尚和美妆博主适合选择小红书，而关注社会热点和娱乐八卦的创作者可以选择微博。

适应平台风格：不同平台有不同的内容偏好和风格。创作者需要了解并适应不同平台的风格，以提高内容的受欢迎程度。

利用平台功能：充分利用各个平台的特性和功能，如抖音的特效和音乐、快手的直播功能、小红书的购物推荐等，以增强内容的吸引力和互动性。

多平台运营：为了内容最大化的覆盖面和影响力，创作者可以在多个平台同时运营，但要注意根据平台特点进行内容调整和优化。

1.2 视频制作前的准备工作

视频制作前的准备工作包括准备适合拍摄的硬件设备和后期制作的软件工具。

1.2.1 视频制作的硬件设备

1. 摄像设备

手机：智能手机是视频拍摄最便捷的工具。现在的手机拥有强大的拍摄功能，支持4K视频拍摄和各种拍摄模式，适合初学者和轻量级创作。

摄像机：专业创作者可以选择专用的摄像机。摄像机具有更高的画质、更多的手动控制选项，适合追求高质量视频的创作者。手机和摄像机如图1-7所示。

图1-7

2. 灯光设备

环形灯：环形灯是拍摄视频时常用的补光设备，能够均匀照亮拍摄对象，消除阴影，适合用于自拍、美妆等视频拍摄。环形灯如图1-8和图1-9所示。

图1-8

图1-9

LED补光灯：便携式LED补光灯可以灵活调整光线亮度和色温，适用于各种拍摄环境，增强视频的光线效果。LED补光灯如图1-10和图1-11所示。

图1-10

图1-11

影视灯：在室内拍摄灯光时，其可选性就比较多。不仅可以使用环形美颜灯或带有柔光罩的专业影视灯，甚至台灯、落地灯都可以根据需要使用。影视灯如图1-12和图1-13所示。

图1-12

图1-13

3. 音频设备

麦克风：高质量的音频对视频制作非常重要。常用的麦克风有领夹式麦克风、枪式麦克风和USB

麦克风。领夹式麦克风和USB麦克风如图1-14和图1-15所示。

图1-14　　　　　　　　　　图1-15

枪型麦克风：枪型麦克风灵敏度高、指向性强，适合正对麦克风录制，其他方向的声音不被收入。枪型麦克风可通过热靴接入相机。适合相对安静的拍摄环境，如采访、访谈类短视频，穿搭、美妆、拆箱等沉浸式短视频，也可作为剧情类短视频现场收音使用。但要注意枪型麦克风收音范围有限，避免距离音源太远的收音情况。枪型麦克风如图1-16和图1-17所示。

图1-16　　　　　　　　　　图1-17

录音设备：对于更高要求的音频录制，可以使用专用的录音设备，能够录制高品质的音频，适合专业创作。

4. 三脚架和稳定器

三脚架：三脚架能够稳定摄像设备，防止抖动，提高画面稳定性。三脚架如图1-18和图1-19所示。

稳定器：手持稳定器可以消除运动中的抖动，适合运动拍摄和Vlog制作。稳定器如图1-20所示。

图1-18　　　　　　　图1-19　　　　　　　图1-20

5. 推荐工具和设备

1）适合初学者

硬件设备：智能手机、环形灯、领夹式麦克风、便携式三脚架。

软件工具：剪映App、快影App。

2）适合专业人士

硬件设备：专业摄像机、LED补光灯、专业麦克风、手持稳定器、高质量三脚架。

软件工具：Adobe Premiere Pro、Final Cut Pro。

1.2.2 视频制作的软件工具

1. 剪映App

1）特点

剪映是一款简单易用的手机视频编辑软件，界面友好且功能丰富，非常适合初学者使用。它提供多种滤镜、特效、音乐和字幕添加功能，能够帮助用户快速制作出精美的视频。剪映App的界面如图1-21所示。

2）适用人群

初学者、轻量级创作者。

3）剪映介绍

剪映是一款操作简便的视频编辑工具，支持手机、Pad、Mac和Windows电脑使用。它包括以下多种功能。

视频剪辑：可以支持分割、变速、裁剪和拼接等基本操作。

音频编辑：可以分离音频，进行剪辑、混音和降噪，同时提供背景音乐选择。

文字和贴纸：可以添加自定义文字和贴纸，支持丰富的样式和动画效果。

自动识别：自动识别声音并生成字幕，节省手动输入时间。

特效功能：包括转场、动画和画面特效，增强视频效果。

滤镜功能：提供多种风格的滤镜，如梦幻、小清新等，适合不同视频需求。

调节功能：允许自定义亮度、对比度、饱和度等，以优化视觉效果。

比例功能：自由调整视频比例和屏幕位置。

智能HDR：使用AI技术提升画质，使色彩更真实、鲜明。

一键导出：快速导出编辑好的视频，支持本地保存和社交平台分享。

丰富模板：提供多种模板，快速生成高质量的短视频。

一键成片：自动进行剪辑、转场和特效处理，根据模板生成视频。

2. 快影App

1）特点

快影App是一款移动端视频编辑工具，提供简单、易用的编辑功能，专为快速制作短视频设计。快影App的界面如图1-22所示。

2）优点

操作简便，拥有多种模板和特效，支持快速分享，适合快速编辑和即时发布。

3）适用人群

初学者、日常用户、需要快速编辑和分享视频的用户。

图1-21

图1-22

3. Adobe Premiere Pro

1）特点

Adobe Premiere Pro是专业视频编辑软件。它功能强大，支持多层编辑、复杂特效和高级调色，广泛应用于影视制作和专业视频创作。Adobe Premiere Pro的界面如图1-23所示。

图1-23

2）优点

Adobe Premiere Pro与其他Adobe软件（如After Effects、Photoshop）无缝集成，支持丰富的插件扩展，适合处理高质量的视频项目。

3）适用人群

专业创作者和视频制作团队。

4. Final Cut Pro

1）特点

Final Cut Pro是Apple推出的专业视频编辑软件。它拥有强大的编辑功能和高效的处理能力，特别适合Mac用户。

2）优点

Final Cut Pro界面直观，操作流畅，支持4K、8K分辨率的视频编辑，拥有丰富的插件和模板。

3）适用人群

专业创作者和Apple生态用户。

1.3 实操：使用剪辑工具制作情感类短视频

1.3.1 设计思路

案例类型：

本案例是一部以纪实风格、情感叙述和拼贴多种艺术元素融为一体的短视频项目，如图1-24所示。

图1-24

项目诉求：

在快节奏的现代生活中，旅行成了连接不同文化与情感的桥梁。本项目旨在通过一段情感类短视频，深度展现机场候机室内的温馨、期待与离别交织的多元情感场景。通过细腻的画面构图、温暖的色调搭配，我们希望能够触动每一位观众的心弦，唤起他们对旅行的向往，对家人和朋友的深深思念与美好祝福。

设计定位：

为了打造一部集视觉美感、情感共鸣与文化传播于一体的情感类作品。在视觉上，我们将注重画面的构图与色彩搭配，力求每一帧都能成为一幅精美的画面，让观众在欣赏美景的同时，也能感受到色彩的温度与情感的流动。在情感表达上，我们将深入挖掘机场候机室内各种情感场景的细腻之处，通过人物的表情、动作，以及周围的环境氛围的刻画，引领观众进入一个充满情感张力的世界。

1.3.2　配色方案

本案例的情感类短视频通过深绿色、灰色、蓝色与红色的配色方案，成功地营造出了一种既稳重又充满活力的情感氛围。它让观众在欣赏画面的同时，也能够感受到其中所蕴含的深刻情感与无限想象。

主色：

深绿色被设定为主色，它将覆盖画面中的大部分区域，如墙壁、地板的某些部分，大面积的装饰物或主要人物的服装等。深绿色传达出一种自然、健康、稳重的感觉，为整个场景奠定了一个深沉而丰富的基调。本案例的主色示例如图1-25所示。

图1-25

辅助色：

灰色作为辅助色，在画面中起到平衡和过渡的作用。它将出现在建筑物的阴影部分、金属材质的装饰品或人物的某些服装上。灰色与深绿色相辅相成，既不会过于突兀，也不会显得单调，为画面增添了一种稳重而高雅的质感。辅助色和主色的对比如图1-26所示。

图1-26

点缀色：

蓝色作为点缀色之一，可以为画面带来清新、宁静的感觉。它将出现在远处的天空、广告牌的蓝色元素等。蓝色的点缀使得画面更加生动和有趣，同时也与深绿色形成了良好的对比和呼应。加上点缀色的示例如图1-27所示。

图1-27

1.3.3 项目实战

1. 剪辑视频部分

步骤/01 执行【文件】|【导入】命令，在弹出的【导入】对话框（见图1-28）中导入全部素材。

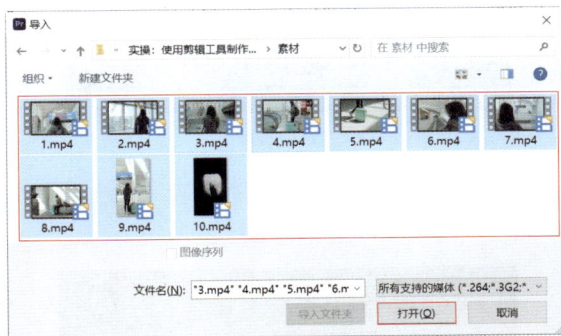

图1-28

步骤/02 将【项目】面板中的"1.mp4"素材拖曳到【时间轴】面板中，如图1-29所示。

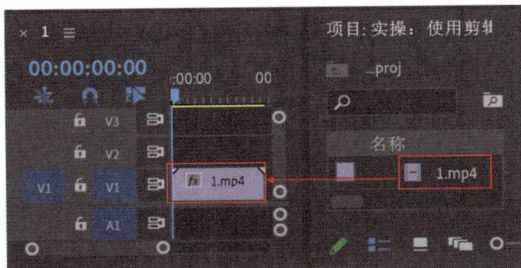

图1-29

步骤/03 此时，画面效果如图1-30所示。

图1-30

步骤/04 将时间线滑动至2秒位置处，单击【工具】面板中的 ![剃刀工具]（剃刀工具）按钮，然后在2秒位置处单击，将素材进行剪辑分割，如

图1-31所示。

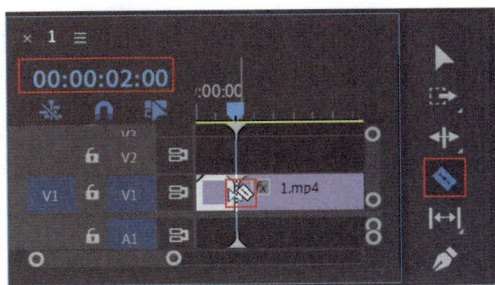

图1-31

步骤/05 选择V1轨道2秒后方的素材1，按Delete键进行删除，如图1-32所示。

图1-32

步骤/06 在【效果】面板中搜索【高斯模糊】效果，并将该效果拖曳到【时间轴】面板V1轨道的素材1上，如图1-33所示。

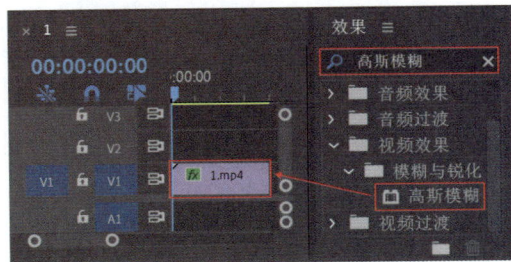

图1-33

步骤/07 选中V1轨道的素材1，在【效果控件】面板中展开【高斯模糊】效果，将时间线滑动至起始位置，单击【模糊度】前方的 ![切换动画]（切换动画）按钮，设置【模糊度】为86.0，如图1-34所示，将时间线滑动至10帧位置处，设置【模糊度】为0.0，将时间线滑动至24帧位置处，设置【模糊度】为17.0。

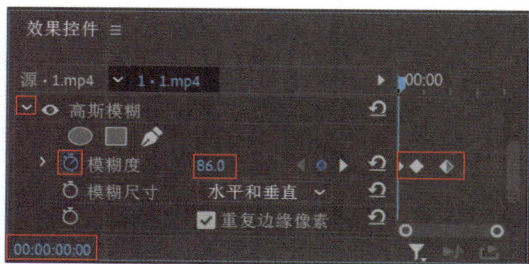

图1-34

步骤/08 此时，滑动时间线时呈现的画面效果如图1-35所示。

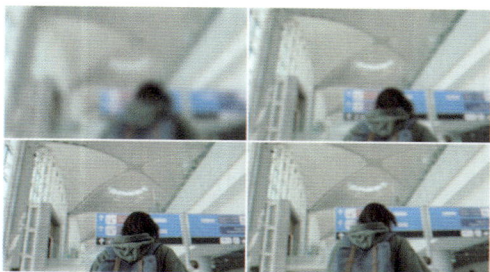

图1-35

步骤/09 将【项目】面板中的"5.mp4"素材拖曳到【时间轴】面板中V1轨道2秒位置处，如图1-36所示。

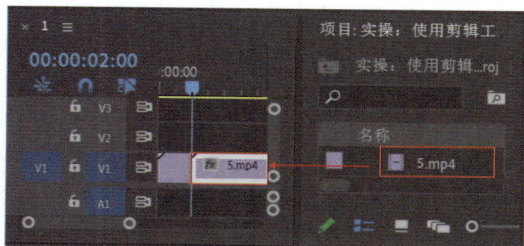

图1-36

步骤/10 此时，画面效果如图1-37所示。

图1-37

步骤/11 将时间线滑动至4秒位置处，使用快捷键Ctrl+K将素材5在当前位置进行分割，如图1-38所示。

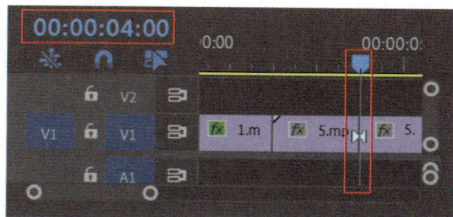

图1-38

步骤/12 选择V1轨道4秒后方的素材5，按Delete键进行删除，如图1-39所示。

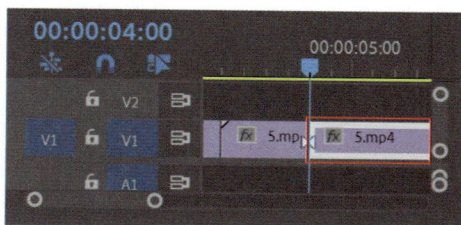

图1-39

步骤/13 在【效果】面板中搜索【高斯模糊】效果，并将该效果拖曳到【时间轴】面板中的素材5上，如图1-40所示。

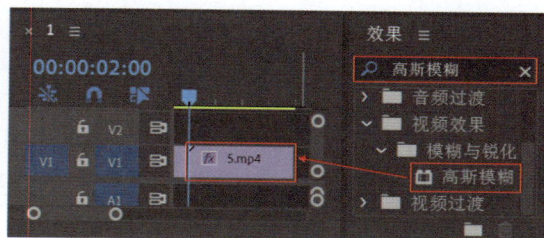

图1-40

步骤/14 选中V1轨道的素材1，在【效果控件】面板中展开【高斯模糊】效果，将时间线滑动至2秒位置，单击【模糊度】前方的（切换动画）按钮，设置【模糊度】为86.0，如图1-41所示，将时间线滑动至2秒10帧位置处，设置【模糊度】为0.0，将时间线滑动至2秒24帧位置处，设置【模糊度】为17.0。

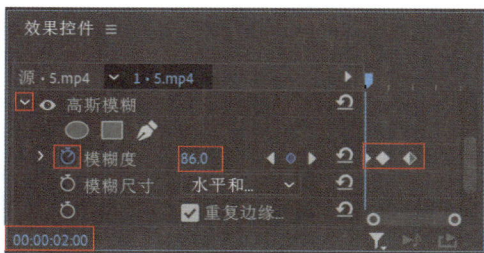

图1-41

步骤/15 此时，滑动时间线时呈现的画面效果如图1-42所示。

图1-42

步骤/16 将【项目】面板中的"5.mp4"素材拖曳到【时间轴】面板中V1轨道4秒位置处，如图1-43所示。

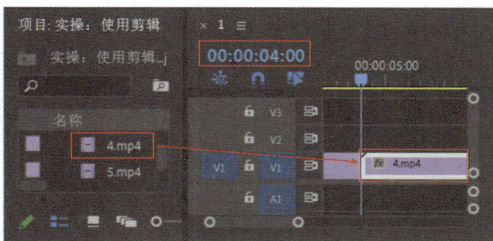

图1-43

步骤/17 将时间线滑动至5秒位置处，将光标定位到素材4的结束位置，然后按住鼠标向前拖动至5秒位置处，如图1-44所示。

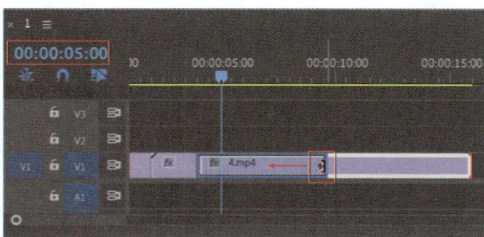

图1-44

步骤/18 选择V1轨道的素材5，在【效果控件】面板中选择【高斯模糊】效果，使用快捷键Ctrl+C，进行复制，如图1-45所示。

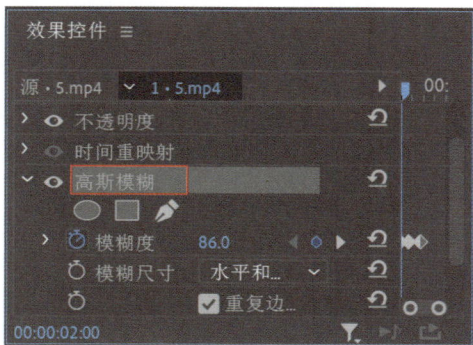

图1-45

步骤/19 接着选择V1轨道上的素材4，在【效果控件】面板中的空白位置处单击，使用快捷键Ctrl+V，将【高斯模糊】效果粘贴一份，如图1-46所示。

图1-46

步骤/20 此时，滑动时间线时呈现的画面效果如图1-47所示。

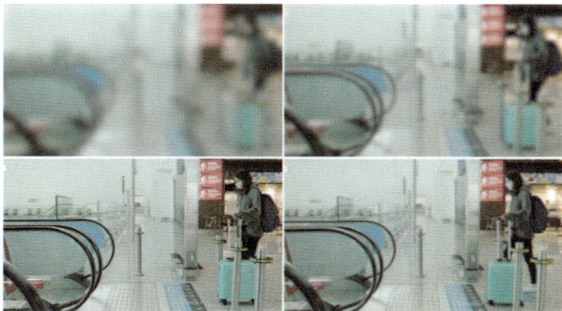

图1-47

步骤/21 将【项目】面板中的"6.mp4"素材拖曳到【时间轴】面板中V1轨道5秒位置处，如图1-48所示。

图1-48

步骤/22 将时间线滑动至6秒位置处，在英文输入法状态下，按W键对素材6进行波纹删除，删除时间线后面的素材，如图1-49所示。

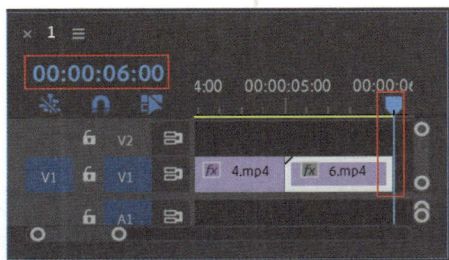

图1-49

步骤/23 在【效果】面板中搜索【高斯模糊】效果，并将该效果拖曳到【时间轴】面板中的素材6上。选中V1轨道的素材6，在【效果控件】面板中展开【高斯模糊】效果，将时间线滑动至5秒位置，单击【模糊度】前方的（切换动画）按钮，设置【模糊度】为86.0，将时间线滑动至5秒10帧位置处，设置【模糊度】为0.0，将时间线滑动至5秒24帧位置处，设置【模糊度】为17.0，如图1-50所示。

图1-50

步骤/24 此时，滑动时间线时呈现的画面效果如图1-51所示。

图1-51

步骤/25 继续将【项目】面板中的其他素材拖曳到【时间轴】面板中，并设置合适的持续时间和关键帧动画，如图1-52所示。

图1-52

步骤/26 此时，滑动时间线时呈现的画面效果如图1-53所示。

图1-53

2. 制作文字部分

步骤/01 将时间线滑动至起始位置，单击【工具】面板中的（文字工具）按钮，然后在【节目监视器】面板底部合适位置单击并输入文字，如图1-54所示。

图1-54

步骤/02 将时间线滑动至2秒位置处，在【时间轴】面板中设置V2轨道文字图层的结束时间为2秒，如图1-55所示。

图1-55

步骤/03 选中V2轨道的文字图层，在【效果控件】面板中展开【文本/源文本】卷展栏，设置合适的字体系列和字体样式，设置【字体大小】为44，设置【填充颜色】为白色，接着选中【阴影】复选框，设置【阴影颜色】为深灰色，【不透明度】为75%，【角度】为135°，【距离】为7.0，【大小】为0.0，【模糊】为40，接着展开【变换】卷展栏，设置【位置】为（539.1，963.2），如图1-56所示。

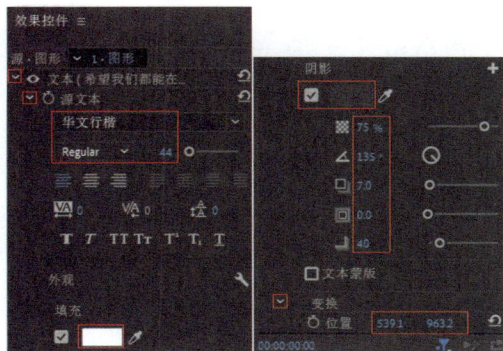

图1-56

步骤/04 此时，画面文字效果如图1-57所示。

图1-57

步骤/05 制作文字动画效果，在【效果】面板中搜索【线性擦除】效果，并将该效果拖曳到【时间轴】面板中V2轨道的文字图层上，如图1-58所示。

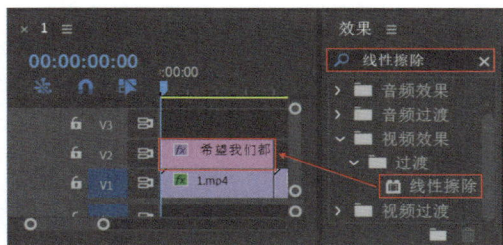

图1-58

步骤/06 选中V2轨道的文字图层，在【效果控件】面板中展开【线性擦除】效果，将时间线滑动至起始位置，单击【过渡完成】前方的（切换动画）按钮，设置【过渡完成】为100%，将时间线滑动至15帧位置处，设置【过渡完成】为0%，【擦除角度】为270.0°，如图1-59所示。

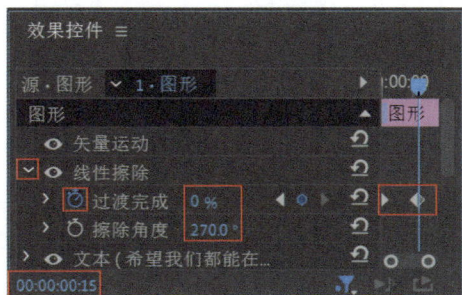

图1-59

步骤/07 此时，滑动时间线时呈现的文字效果如图1-60所示。

图1-60

步骤/08 将时间线滑动至2秒位置，单击【工具】面板中的T（文字工具）按钮，然后在【节目监视器】面板底部合适位置输入文字，如图1-61所示。

图1-61

步骤/09 将时间线滑动至8秒位置处，在【时间轴】面板中设置V2轨道刚刚创建文字图层的结束时间为8秒，如图1-62所示。

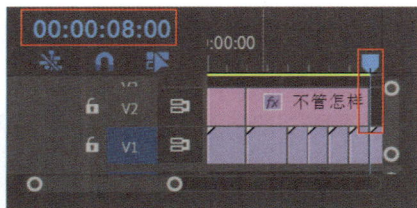

图1-62

步骤/10 选中V2轨道的2秒后方文字图层，在【效果控件】面板中展开【文本/源文本】卷展栏，设置合适的字体系列和字体样式，设置【字体大小】为35，【填充颜色】为白色，接着

选中【阴影】复选框，设置【阴影颜色】为深灰色，【不透明度】为75%，【角度】为135°，【距离】为7.0，【大小】为0.0，【模糊】为40，接着展开【变换】卷展栏，设置【位置】为（115.0，970.3），如图1-63所示。

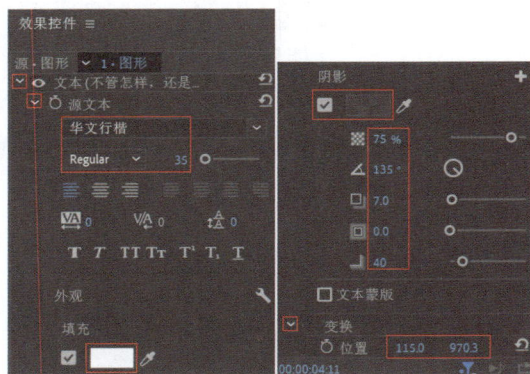

图1-63

步骤/11 此时，画面效果如图1-64所示。

图1-64

步骤/12 在【时间轴】面板中选中2秒后方的文字图层，按住Alt键的同时按住鼠标左键向8秒位置拖动将其复制一份，如图1-65所示。

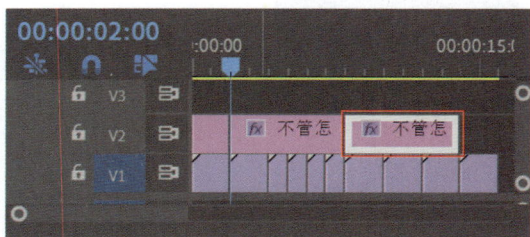

图1-65

步骤/13 选中复制的文字图层，单击【工具】面板中的T（文字工具）按钮，然后在【节

目监视器】面板中更改内容，如图1-66所示。

图1-66

步骤/14 选中复制的文字图层，在【效果控件】面板中展开【文本/变换】卷展栏，更改【位置】为（177.0，927.0）如图1-67所示。

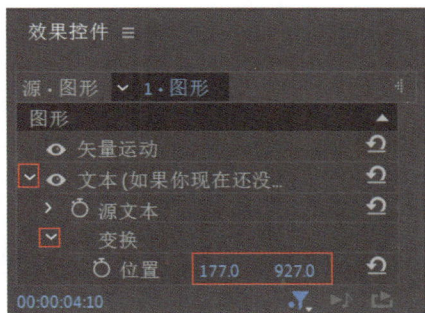

图1-67

步骤/15 继续使用同样方法制作下一组文

字并设置合适的参数，画面效果如图1-68所示。

图1-68

步骤/16 此时，本案例制作完成，滑动时间线时呈现的画面效果如图1-69所示。

图1-69

🍎 **读书笔记**

第 2 章

视频调色

视频调色是提升视觉效果和增强观众体验的重要手段。本章将深入探讨视频中色彩的基本原理，包括色彩的属性、搭配方式及其对视频风格的影响。本章还将讲解调色的核心概念和基本流程，帮助读者理解为何调色至关重要，并通过实际操作提升视频的色彩表现力。通过对调色技术的学习，本章旨在提高读者在视频调色方面的技巧和应用能力。

2.1 色彩原理

色彩在视觉传达中扮演着至关重要的角色，尤其在商业广告设计中更是不可或缺。色彩不仅能赋予品牌个性，还能传递特定的情感和意义。通过精心选择和色彩搭配，设计师能够更有效地展现品牌的独特形象，从而提高品牌的辨识度和记忆度。例如，为高端、奢侈品牌选择深色调可以传达出优雅和高贵，而鲜艳的颜色则更适合年轻时尚的品牌。了解目标受众的心理和偏好，配合品牌的核心价值，制订合适的色彩方案，可以大大增强广告的吸引力和影响力。

2.1.1　色彩的基本属性

色彩是视觉传达的核心元素之一，它由光的反射产生，通过三原色（红、黄、蓝）的混合形成各种颜色。不同的色彩不仅能影响观者的情绪，还能加深品牌印象和提升广告的记忆点。每种颜色都有其独特的特性和情感联想。合理搭配色彩，可以唤起目标受众的不同情感和联想，从而增强广告的吸引力。

例如，在食品相关的广告作品中，经常会使用高饱和度的暖色调配色方案，以显现食物的美味，同时引起观看者的食欲；以女性为主题的广告作品则可以选用浪漫、妩媚的配色方案。因此，色彩在广告中不仅仅是装饰，而是赋予广告灵魂的关键因素。色彩在广告中的应用示例如图2-1和图2-2所示。

图2-1

图2-2

色彩的三要素是指色相、明度和纯度，任何色彩都具有这三大属性。通过对色相、明度以及纯度的改变，可以影响色彩的距离、面积和冷暖属性等。

色相是色彩的首要特征，由原色、间色和复色构成，指色彩的基本相貌。从光学意义讲，色相的差别是由光波的长短所构成的。色相示例如图2-3所示。

图2-3

明度是指色彩的明亮程度，是彩色和非彩色的共有属性，通常用0%～100%的百分比来度量。明度示例如图2-4所示。

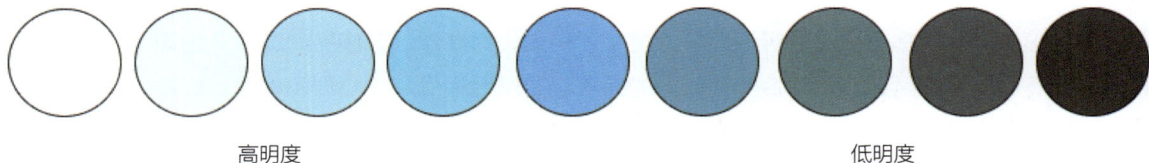

高明度   低明度

图2-4

纯度是指色彩中所含有色成分的比例，比例越大，纯度越高，同时也称为色彩的彩度。纯度示例如图2-5所示。

高纯度   中纯度   低纯度

图2-5

色彩的冷暖属性也是广告设计中常用的技巧。暖色（如红色、橙色、黄色）通常让人联想到温暖的太阳和丰收的果实，因此具有暖意。而冷色（如蓝色、青色）则让人联想到清澈的天空和宁静的大海，带来冷静、沉着的感觉。色彩的冷暖属性应用示例如图2-6和图2-7所示。

图2-6

图2-7

在视觉设计中，色彩还能产生视觉上的进退、凹凸、远近的不同感受。色相、明度会影响色彩的距离感，一般暖色调和高明度的色彩具有前进、凸出、接近的效果，而冷色调和低明度的色彩则具有后退、凹进、远离的效果。在画面中常利用色彩的这些特点来改变空间的大小和高低，如图2-8和图2-9所示。

图2-8

图2-9

2.1.2　基础色

图2-10

红色

含义：热情、力量、紧急、爱情、勇气

情感联想：红色通常与强烈的情感相关，如爱、愤怒和兴奋。它可以增加心率，激发行动。红色示例如图2-10所示。

应用场景：常用于吸引注意力、促销活动、紧急通知等。例如，餐饮广告中常用红色来刺激食欲。

图2-11

橙色

含义：活力、创造力、热情、友好、兴奋

情感联想：橙色是充满活力和热情的颜色。它可以带来愉快和活泼的感觉，能激发创意和行动。橙色示例如图2-11所示。

应用场景：适用于娱乐、活动推广、食品饮料等需要传达活力和热情的广告。

图2-12

黄色

含义：快乐、注意、乐观、能量、警示

情感联想：黄色是最能引起注意的颜色之一。它可以带来愉快和温暖的感觉，但过多使用可能引发焦虑。黄色示例如图2-12所示。

应用场景：用于促销广告、儿童产品、快餐连锁等，需要吸引注意和传递欢乐的场合。

图2-13

绿色

含义：自然、健康、成长、和平、清新

情感联想：绿色让人联想到自然、生命和新鲜感。它具有放松和恢复的效果。绿色示例如图2-13所示。

应用场景：适合环保、健康、食品和保健品广告，传达健康、自然和环保的理念。

图2-14

青色

含义：清新、科技、冷静、信任、创新

情感联想：青色是一种介于绿色和蓝色之间的颜色。它给人以清新、冷静和信任的感觉，常与科技和创新联系在一起。青色示例如图2-14所示。

应用场景：常用于科技、医疗和环保等领域的广告，传递现代感和清新气息。例如，在环保产品广告中也常用青色来强调环保和自然。

　图2-15	**蓝色** 含义：信任、专业、冷静、智慧、稳定 情感联想：蓝色给人一种平静、安心的感觉。它常与信赖和安全感联系在一起。它能降低心率，带来冷静的效果。蓝色示例如图2-15所示。 应用场景：适用于科技、金融、健康等行业的广告，以传达可靠和专业的形象。
　图2-16	**紫色** 含义：奢华、创意、神秘、优雅、灵感 情感联想：紫色与奢华和高贵相关联。它能传达神秘和创造力，常用于突出独特性和优雅。紫色示例如图2-16所示。 应用场景：用于美容、奢侈品、创意产业的广告，传递独特、高贵和创意的形象。
　图2-17	**灰色** 含义：中立、平衡、专业、稳重、成熟 情感联想：灰色是一种中立的颜色。它给人以稳重、成熟和专业的感觉，能够带来平衡和冷静的效果。灰色示例如图2-17所示。 应用场景：适用于企业、科技、法律等领域的广告，传递专业、可靠和成熟的形象。灰色在背景中使用，能突出其他颜色的元素。

黑色

含义：高端、正式、力量、神秘、严肃

情感联想：黑色常与权威、高级和奢华联系在一起，也能传递神秘感和严肃性。

应用场景：用于奢侈品、时尚、科技产品的广告，强调高端和专业。

白色

含义：纯洁、简单、清新、和平、空白

情感联想：白色象征纯洁和简约，给人清新、干净的感觉，通常用于表达简单和纯粹。

应用场景：广泛用于各类广告，特别是在医疗、科技等领域，强调纯洁和清新。

2.1.3　主色、辅助色和点缀色

在一幅画面中，色彩根据主次分为主色、辅助色和点缀色。通常主色决定广告画面色彩的总体方向，而辅助色和点缀色将围绕主色展开搭配设计。画面示例如图2-18和图2-19所示。

图2-18

图2-19

主色： 主色是在广告设计中最主要的颜色，通常用于大面积的背景、主要图形和重要元素上。它是品牌的主要色调，能够迅速传达品牌的核心特征和情感。

辅助色： 辅助色用于补充主色，增强视觉层次感和丰富性。它们通常用于次要的图形元素、背景细节或文字部分，用于衬托和突出主色。

点缀色： 点缀色用于设计中的小面积区域，以引起注意或强调特定信息。它们通常是鲜艳的对比色，用于按钮、标语或促销信息等地方，能够迅速吸引观众的视线。

2.1.4　色彩搭配方式

色彩搭配是视觉设计中的重要环节，通过不同颜色的组合，可以产生各种视觉效果。色彩的对比是指两种或两种以上颜色在一起时，相互影响所产生的视觉差异。常见的色彩对比类型包括同类色对比、邻近色对比、类似色对比、对比色对比和互补色对比。

1. 同类色对比

同类色对比是指在色相环中色相相隔15°左右的两种颜色，如图2-20所示。

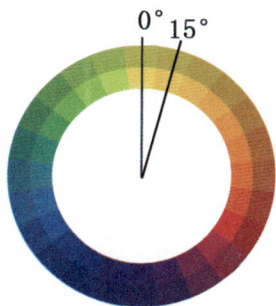

图2-20

同类色对比极其微小，给人的感觉是单纯、柔和的，无论总的色相倾向是否鲜明，整体的色彩基调都是非常容易统一、协调的。同类色对比示例如图2-21～图2-24所示。

清丽	时尚	协调	积极

图2-21

图2-22

图2-23

图2-24

2. 邻近色对比

邻近色是指在色相环中相隔30°左右的两种颜色，如图2-25所示。

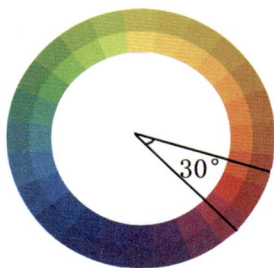

图2-25

两种颜色组合搭配在一起，会让整体画面起到协调、统一的效果。如红、橙、黄以及蓝、绿、紫都分别属于邻近色的范围内。邻近色对比示例如图2-26～图2-29所示。

鲜亮	时尚	淡雅	活泼

图2-26

图2-27

图2-28

图2-29

3. 类似色对比

在色环中，相隔60°左右的颜色称为类似色对比，如图2-30所示。

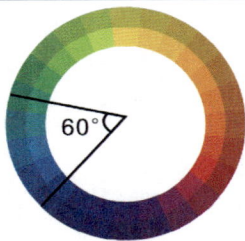

图2-30

例如，红和橙、黄和绿等均为类似色。

类似色由于色相对比不强，给人一种舒适、和谐且不单调的感觉。类似色对比示例如图2-31～图2-34所示。

温馨	和谐	明亮	轻快

图2-31

图2-32

图2-33

图2-34

4. 对比色对比

当两种或两种以上色相之间的色彩处于色相环大致120°～150°范围时，属于对比色关系，如图2-35所示。

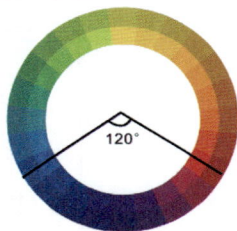

图2-35

例如，橙与紫、黄与蓝等色组。对比色给人一种强烈、明快、醒目，具有冲击力的感觉，容易引起视觉疲劳和精神亢奋。对比色对比示例如图2-36～图2-39所示。

活力	强烈	明快	醒目

图2-36

图2-37

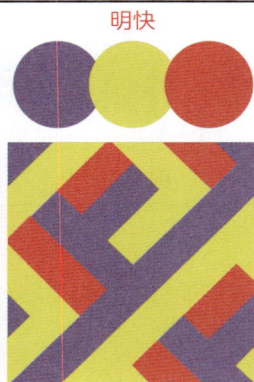

图2-38

图2-39

5. 互补色对比

在色环中，相差约180°的颜色为互补色，如图2-40所示。

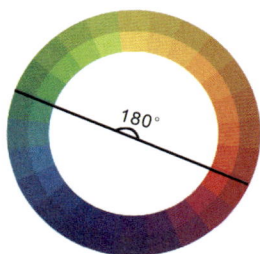

图2-40

这样的色彩搭配可以产生强烈的刺激作用，对人的视觉具有强烈的吸引力。

互补色对比的效果最为强烈、刺激，属于最强对比。如红与绿、黄与紫、蓝与橙。互补色对比示例如图2-41~图2-44所示。

热烈	刺激	独特	浓郁

图2-41	图2-42	图2-43	图2-44

在实际设计中，色彩对比的角度和效果并不是固定的。例如，虽然在色相环上15°的色彩被称为同类色对比，30°的色彩为邻近色对比，但20°的色彩对比往往介于两者之间，实际感受可能非常接近。理解这些对比类型时，不必死记硬背具体角度，更要注重实际效果和感受，通过不断实践来掌握色彩搭配的技术。

2.1.5　色彩与风格

色彩风格与视觉表现形式有关，通过选择和调整色彩，为视频赋予特定的视觉效果和情感氛围。不同的色彩风格会引发不同的观众体验和情感效果。

1. 复古风格

复古风格是指模拟早期时代的色彩效果，通常使用柔和的色调和轻微的色彩褪色形成的效果。常见的有老电影风格或怀旧色调。复古风格的色彩示例如图2-45所示。

特点：温暖的棕色、黄色和橙色调，常具有颗粒感和轻微的褪色效果。

图2-45

2. 清新风格

清新风格强调自然和清新的色彩，通常使用大量的绿色和蓝色。清新风格的色彩示例如图2-46所示。

格式：明亮的绿色、清新的蓝色和柔和的黄色，营造自然、舒适的视觉感受。

图2-46

3. 电影色调

电影色调是指模拟电影画面的色彩效果，注重细节和色彩层次感。电影色调的色彩示例如图2-47所示。

特点：中性色调为主，常用调色来增强阴影和高光的对比，呈现出深邃和戏剧性的效果。

图2-47

4. 高饱和风格

高饱和风格是指增强色彩的饱和度，使画面色彩更加鲜艳和引人注目。高饱和风格的色彩示例如图2-48所示。

特点：色彩明亮、对比强烈，常用于营造活力和动感的视觉效果。

图2-48

5. 梦幻风格

梦幻风格是指通过柔和的色彩和光影效果，营造出梦幻和虚幻的视觉效果。梦幻风格的色彩示例如图2-49所示。

特点：使用柔和的色彩渐变、光晕效果以及较低的对比度，创造出梦境般的感觉。

图2-49

6. 浪漫风格

浪漫风格是指通过柔美的色彩和细腻的细节，营造出温馨、浪漫的氛围。浪漫风格的色彩示例如图2-50所示。

特点：使用柔和的色调、细腻的光影以及细致的纹理，结合柔光和温暖的色彩，传达出浪漫和梦幻的情感。

图2-50

7. 黑白风格

黑白风格是指去除所有色彩，仅使用黑白灰的色彩，突出形状、线条和对比效果。黑白风格的色彩示例如图2-51所示。

特点：强烈的对比和细腻的灰阶，通常用来突出质感和视觉冲击力。

图2-51

2.2 调色与色彩修正

在视频制作中，调色不仅是为了让画面更美观，更是为了提升视频的整体质量和表达特定的情感和主题。色彩的调整能明显的影响观众观看体验和对内容的理解，因此在后期制作中显得尤为重要。色彩调整前后，如图2-52和图2-53所示。

图2-52

图2-53

2.2.1 为什么要调色？

调色是视频制作中的重要环节，通过调整色彩能够强化情感表达、统一视觉风格、提升视觉吸引力、修正拍摄问题以及强调主题和风格。它不仅能传递情感，统一素材色调，还能确保视频的整体一致性和专业性。

1. 强化情感表达

色调是表达情感和营造氛围的重要手段。例如，冷色调（如蓝色和绿色）常用于表现孤独或神秘的感觉，而暖色调（如红色和橙色）则可以营造出温暖和活力。通过合理的色彩调整，创作者能够更好地传递视频中的情感，让观众感同身受。

2. 统一视觉风格

不同的拍摄条件和设备可能导致视频素材的色彩不一致。调色可以帮助统一视觉风格，使所有素材在色彩上保持一致，增强视频的整体感和连贯性。这样，可以让视频更专业，也更具吸引力。

3. 提升视觉吸引力

色彩对观众的第一印象至关重要。通过合理的调色，可以让画面更加生动，突出重点，让观众的视觉体验更佳。调整对比度、饱和度和亮度等色彩参数，可以使视频更具层次感和视觉冲击力。

4. 修正拍摄问题

在拍摄时，光线不足或色温不准确是常见的问题。调色能够帮助修正这些缺点，使画面色彩更自然、真实。例如，通过调整色温和色调，可以修复因光线不足导致的色彩偏差。

5. 强调主题和风格

调色还可以用来突出视频的主题和风格。比如，怀旧风格的视频可以使用复古的色调，而现代时尚的视频则可以选择冷色调和高对比度。通过色彩调整，创作者可以更好地表达视频的主题，符合观众的审美预期效果。

2.2.2 调色的基本思路

调色的基本思路包括理解色彩理论，明确色彩目标，使用基础调色工具进行初步调整，应用色彩分级技术以增强画面深度，利用LUTs实现特定效果，并进行细节调整以确保色彩自然和精细。这些步骤有助于实现准确且符合创作意图的色彩效果。

1. 理解色彩理论

调色的基础是色彩理论。理解色彩的基本属性（如色相、饱和度和亮度）以及它们之间的相互关系，可以帮助读者做出更准确的色彩调整。色轮是色彩理论中的重要工具，它可以帮助读者了解如何通过调节颜色的对比度和搭配来实现期望的视觉效果。

2. 确定色彩目标

在开始调色之前，需要明确视频的色彩目标。这包括确定视频的整体风格、情感基调和观众的期望。例如，你需要决定是否使用冷暖色调的对比，或是突出某些颜色。这将指导后续的调色工作。

3. 使用基础调色工具

大多数视频编辑软件都提供了基础的调色工具，如色温、对比度、亮度和饱和度。使用这些工具可以进行初步的色彩调整，修正拍摄中的问题。例如，调整色温可以修复色彩偏冷或偏暖的问题，调整对比度可以增强画面的层次感。

4. 应用色彩分级

色彩分级是一种更高级的调色技术，通过分级工具可以分别调整视频中的高光、中间调和阴影区域的颜色。这种方法可以让不同亮度区域的颜色保持一致，同时增加画面的深度和立体感。例如，增加阴影部分的饱和度可以让黑暗区域的细节更清晰。

5. 使用调色模板

预设的色彩调整模板，可以快速应用于视频素材中。使用色彩调整模板可以实现特定的色彩效果，比如复古风格或电影效果。选择合适的色彩调整模板，并根据需要进行细微调整，既可以节省调色时间，也可以保持效果的一致性。

6. 细节调整

基础调色完成后，细节调整也是必不可少的。这包括检查色彩均衡性，修正色彩溢出和过度饱和的问题。细节调整可以确保色彩效果自然且精细，使视频呈现最佳视觉效果。

2.3 实操：利用"Lumetri 颜色"效果调整画面指定的色彩

2.3.1　设计思路

案例类型：

本案例是一个主题为"庆祝与祝福"的视觉设计项目，如图2-54所示。

图2-54

项目诉求：

在快节奏的现代生活中，人们越来越珍惜那些能够触动心灵的庆祝与祝福时刻。本项目旨在通过一组精心设计的视觉元素——心形气球与Happy卡片，结合温馨浪漫的色彩搭配与创意涂鸦元素，打造出一个充满梦幻与幸福感的庆典主题场景。我们希望通过这个项目，为庆祝活动增添一抹独特的色彩，让爱与祝福的情感得以更广泛地传递。

设计定位：

本案例旨在通过色彩、形状与文字的组合，打造一个梦幻般的庆典，传递出喜悦、温馨与浪漫的情感。心形气球作为主体元素，不仅象征着爱意与关怀，还赋予了整个场景欢乐与活泼的气息。卡片上的"Happy"字样，作为点睛之笔，直接表达了庆祝与祝福的主题，引导观者迅速进入设定的情感氛围中。

2.3.2　配色方案

本案例以蓝色为主色调，搭配粉色心形气球，营造出一种清新脱俗、浪漫唯美的氛围。这种风格不仅符合节日庆典的喜庆感，还能激发观众内心对美好生活的向往与追求。

主色：

蓝色作为主色，具有宁静、专业且能营造节日氛围的特点。蓝色能够带来稳重与高端感，还能营造出一种清新、专业的氛围，能与图片中的蓝色背景相呼应，增强设计的整体性和连贯性。本案例中的主色示例如图2-55所示。

图2-55

辅助色：

粉色作为辅助色，用于增添设计的温馨与浪漫感。粉色可以用于气球、装饰元素或文字的高光部分，以吸引观众的注意力，粉色与主色蓝色形成和谐的对比，使设计更加生动、有趣。辅助色与主色的对比如图2-56所示。

图2-56

点缀色：

白色作为点缀色，具有点睛之笔的作用。白色不仅与蓝色背景形成鲜明对比，使文字更加突出、易读，还能增添一份纯净、高雅的感觉。加上点缀色的示例如图2-57所示。

图2-57

2.3.3　项目实战

步骤／01　首先在软件中新建一个项目。接着在菜单栏中选择【文件】|【导入】命令，在弹出的【导入】对话框（见图2-58）中导入全部素材。

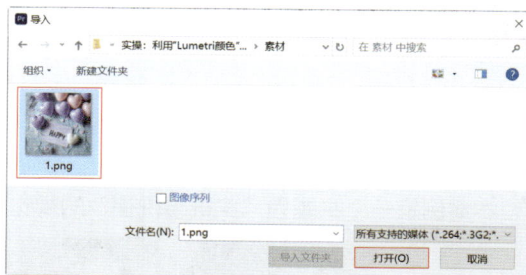

图2-58

步骤／02　将【项目】面板中的"1.png"素材拖曳到【时间轴】面板中。此时在【项目】面板中自动生成一个与素材等大的序列，如图2-59所示。

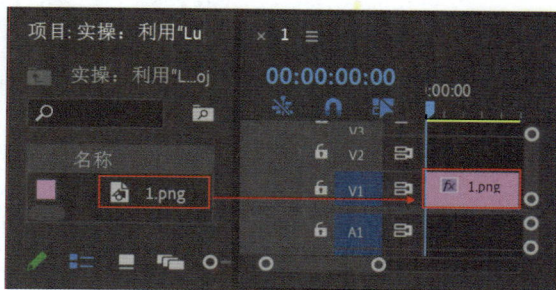

图2-59

步骤／03　此时，画面效果如图2-60所示。

图2-60

步骤/04 在【效果】面板中搜索【Lumetri 颜色】效果，并将该效果拖曳到V1轨道"1.png"素材上，如图2-61所示。

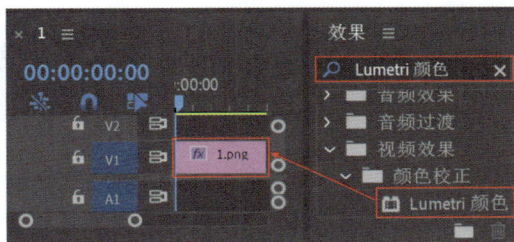

图2-61

步骤/05 选择V1轨道的"1.png"素材，在【效果控件】面板中展开【Lumetri 颜色】效果，展开【HSL辅助/键】卷展栏，然后单击【设置颜色】后方的吸管，接着在【节目监视器】面板中气球合适位置处单击，吸取要更改的颜色，如图2-62所示。

图2-62

步骤/06 接着选中【显示蒙版】复选框，然后多次单击【添加颜色】后方的吸管图标，在画面气球合适位置单击添加颜色范围，如图2-63

所示。

图2-63

步骤/07 接着展开【优化】卷展栏，设置【模糊】参数为10.0，接着展开【更正】卷展栏，将控制点移动到红色区域，如图2-64所示。

图2-64

步骤/08 此时，本案例制作完成，画面前后对比效果如图2-65所示。

图2-65

2.4 实操：如何调整灰色调的画面

2.4.1 设计思路

案例类型：

本案例是将一张冬季雪景图像转化为令人叹为观止的仙境图像项目，如图2-66所示。

图2-66

项目诉求：

本项目旨在将冬季雪景图片转化为充满生机的视觉作品，通过精心调整图片的色彩饱和度、对比度与光影参数，以增强画面的层次感与立体感，使雪山、树木与天空的每一处细节都更加生动、逼真。进而营造出一个既寒冷又清新的冬日仙境，触动观众的情感共鸣，留下深刻印象。

设计定位：

在本案例中，是将静态的雪景图片转化为充满情感与意境的动态视觉故事。设计风格简约而细腻，注重色彩与光影的和谐搭配，营造出既清冷又温馨的氛围。同时，强调情感与意境的并重，通过动态叙事与多元素融合的手法，丰富作品的内涵与表现力。

2.4.2 配色方案

本案例以蓝色和白色为主色调，通过调整色彩饱和度和亮度，使雪山更加巍峨壮观，森林更加清新脱俗，天空更加深邃迷人。同时，在色彩过渡处采用柔和的渐变效果，增强画面的整体协调性和美感。

主色：

蓝色作为整个画面的主导色彩，用于雪山的主体部分，展现雪山的冷峻与高远，同时也营造出冬日特有的清新与宁静氛围。本案例的主色示例如图2-67所示。

图2-67

辅助色：

银灰色作为辅助色，在画面中体现于雪地表面的细节、树木的枝干以及部分岩石的轮廓，为画面增添层次感和细节表现。银灰色与蓝色的搭配，既保持了冷色调的和谐，又通过不同的明度变化使画面更加丰富。辅助色与主色的对比如图2-68所示。

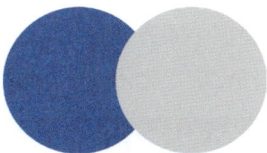
图2-68

点缀色：

白色作为点缀色，不仅突出了雪地的洁白无瑕，还为整个冷色调的画面带来了一抹明亮与清新，增强了视觉冲击力。加上点缀色的示例如图2-69所示。

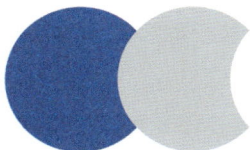
图2-69

2.4.3 项目实战

步骤／01 首先在软件中新建一个项目。接着在菜单栏中选择【文件】|【导入】命令，在弹出的【导入】对话框（见图2-70）中导入全部素材。

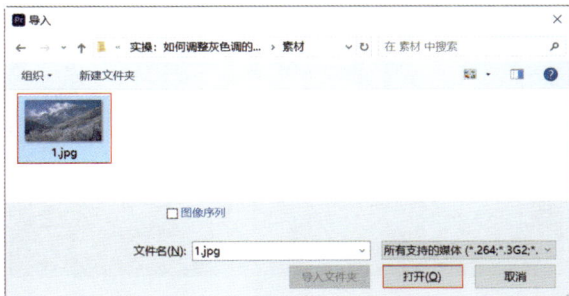
图2-70

步骤／02 将【项目】面板中的"1.jpg"素材拖曳到【时间轴】面板中，如图2-71所示。此时在【项目】面板中自动生成一个与素材等大的序列。

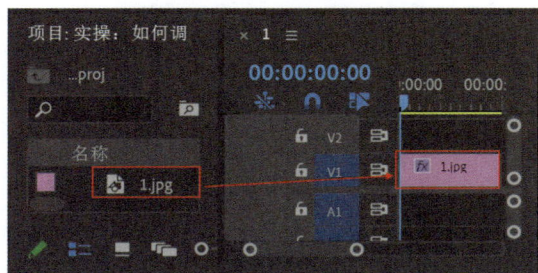
图2-71

步骤／03 此时，画面效果如图2-72所示。

图2-72

步骤／04 在【效果】面板中搜索【RGB曲线】效果，并将该效果拖曳到V1轨道的"1.jpg"素材上，如图2-73所示。

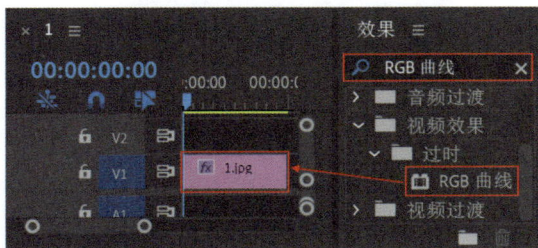
图2-73

步骤／05 选择V1轨道的"1.jpg"素材，在【效果控件】面板中展开【RGB曲线】效果，在曲线的上方高光部分添加一个控制点并向上进行拖动，如图2-74所示。

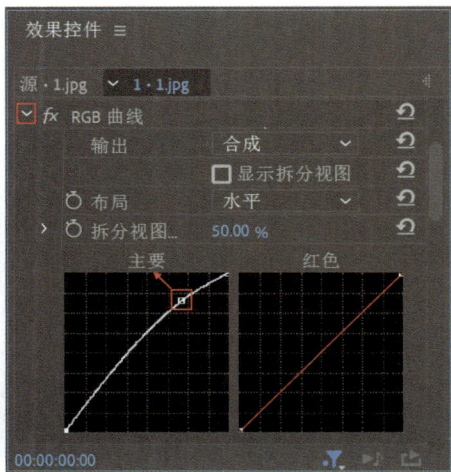

图2-74

步骤/06 此时，画面效果如图2-75所示。

图2-75

步骤/07 接着在曲线的下方阴影部分添加一个控制点并向下进行拖动，如图2-76所示。

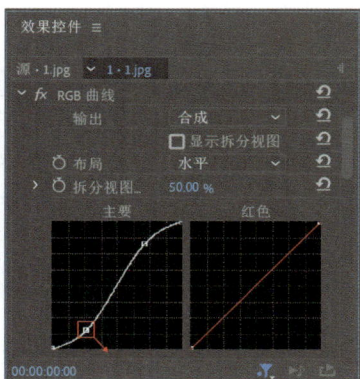

图2-76

步骤/08 在【效果】面板中搜索Brightness & Contrast效果，并将该效果拖曳到V1轨道的"1.jpg"素材上，如图2-77所示。

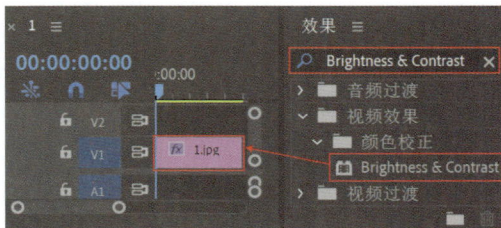

图2-77

步骤/09 选择V1轨道的"1.jpg"素材，在【效果控件】面板中展开Brightness & Contrast效果，设置【对比度】为20.0，如图2-78所示。

图2-78

步骤/10 此时，本案例制作完成，画面效果如图2-79所示。

图2-79

2.5 实操：使用"快速颜色校正器"效果调整画面色调

2.5.1 设计思路

案例类型：

本案例为图像色彩优化的视觉效果与情感传达项目，如图2-80所示。

图2-80

项目诉求：

本项目旨在通过影视后期调色技术，提升现代建筑黄昏倒影照片的视觉效果，强化其黄昏时分的宁静与温馨氛围，同时传达出照片背后蕴含的深厚情感与意境，为观者带来独特的审美体验与情感共鸣。

设计定位：

为了传达一种超脱日常喧嚣中的宁静，同时展现独特的现代感，让观者感受到独特的视觉享受与情感共鸣。通过精细的影视后期调色与构图优化，强化现代建筑黄昏倒影的独特美感与宁静氛围。以温暖的黄色调为主色调，搭配淡蓝至橙色的渐变天空，营造温馨而富有层次的视觉效果。同时，确保水面倒影的清晰，并与实体建筑相互映衬，形成虚实交错的梦幻景象。

2.5.2 配色方案

本案例通过橙黄色、淡黄色和深棕色的精心搭配，营造出一种温馨、舒适且层次分明的现代建筑黄昏倒影画面。橙黄色的温暖与活力、淡黄色的清新与明亮、深棕色的沉稳与深邃共同赋予了这幅画面的独特魅力。

主色：

橙黄色作为整个画面中最引人注目的色彩，不仅代表了黄昏时分的温暖光线，还赋予了照片一种温馨而活力。作为主色，它奠定了整个画面的基调，确保观众在第一眼就能感受到照片想要传达的情感与意境。本案例的主色示例如图2-81所示。

图2-81

辅助色：

淡黄色作为橙黄色的柔和延伸，被选为辅助色以增添画面的细腻感。它可以在天空中形成渐变过渡，使橙黄色更加饱满且不显突兀，同时，在建筑物、水面或其他受光部分的反光中融入淡黄色，能够增强画面的亮度与柔和度，使整体看起来更加和谐、舒适。辅助色与主色的对比如图2-82所示。

图2-82

点缀色：

深棕色作为点缀色，其深沉而稳重的特性使画面产生了对比，增添了层次感。在建筑物的暗部、阴影区域以及路灯等细节部分使用深棕色，不仅能够凸显这些区域的细节与纹理，还能与主色和辅助色形成鲜明的对比，从而吸引观众的注意力，并引导他们深入探索画面中的故事与情感。加上点缀色的示例如图2-83所示。

图2-83

2.5.3 项目实战

步骤／01 首先在软件中新建一个项目。接着在菜单中选择【文件】|【导入】命令，在弹出的【导入】对话框（见图2-84）中导入全部素材。

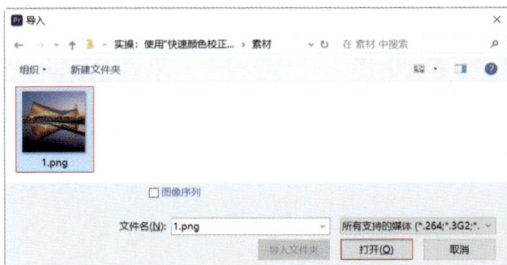

图2-84

步骤／02 将【项目】面板中的"1.png"素材拖曳到【时间轴】面板中，如图2-85所示。此时在【项目】面板中自动生成一个与素材等大的序列。

图2-85

步骤／03 此时，画面效果如图2-86所示。

图2-86

步骤／04 在【效果】面板中搜索【快速颜色校正器】效果，并将该效果拖曳到V1轨道"1.png"素材上，如图2-87所示。

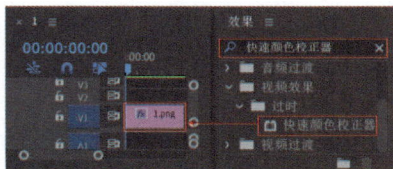

图2-87

步骤/05 选中V1轨道的"1.png"素材，在【效果控件】面板中展开【快速颜色校正器】效果，接着将【色相平衡和角度】的控制柄拖动橙色区域，如图2-88所示。

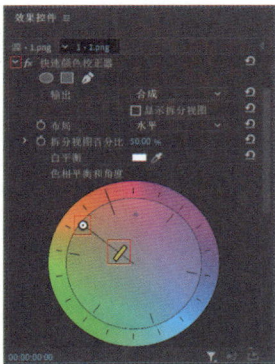

图2-88

步骤/06 此时，本案例制作完成，画面前后对比效果如图2-89所示。

图2-89

2.6 实操："使用"三向颜色校正器"效果制作暖色调氛围

2.6.1 设计思路

案例类型：

本案例是一部是以自然之韵、心灵之旅为主题的视频项目，如图2-90所示。

图2-90

项目诉求：

在快节奏的现代生活中，人们往往忽略了与大自然的亲密接触，内心渴望一片宁静与和谐。我们为了打造一幅充满情感与美感的作品，让观众在欣赏中感受到大自然的宁静与和谐。本案例通过对户外人像进行色彩调整与优化，确保色彩校正的准确性，以还原真实色彩，营造宁静与和谐的氛围，通过调整整体色调与色彩平衡，强化画面中的和谐美感；强化细节表现，使画面更加生动、立体；巧妙处理光影效果，提升画面的空间感和立体感，营造温暖、舒适的视觉体验。

设计定位：

本案例围绕"自然、和谐、心灵与互动"的主题，运用影视后期技术，精心打造一系列视觉震撼、情感丰富的视频内容。通过色彩校正与调色，增强画面的自然美感与情感表达，使观众仿佛置身于那片开满小花的草地之中。

2.6.2　配色方案

本案例通过精细的色彩校正、主色调强化、辅助色融合以及点缀色提亮的运用，打造了一部充满宁静与和谐氛围的作品。

主色：

棕色作为主色，具有温暖、稳重和自然的特征，能够很好地与图片中的自然环境和人物造型相融合，营造出一种宁静而舒适的氛围。本案例的主色示例如图2-91所示。

图2-91

辅助色：

绿色作为辅助色，象征着生命、自然与和平，与棕色搭配能够增添一份清新与活力，使画面更加生动。同时，绿色还能与背景中的自然风光相呼应，增强整体的自然美感。辅助色与主色的对比如图2-92所示。

图2-92

点缀色：

白色作为点缀色，具有纯洁、明亮和清爽的特点，能够在棕色和绿色的基调上起到提亮和点缀的作用，使画面更加鲜明和引人注目。此外，白色还能在细节处增添一份精致与优雅。加上点缀色的示例如图2-93所示。

图2-93

2.6.3 项目实战

步骤/01 首先在软件中新建一个项目。接着在菜单栏中选择【文件】|【导入】命令，在弹出的【导入】对话框（见图2-94）中导入全部素材。

图2-94

步骤/02 将【项目】面板中的"1.mp4"素材拖曳到【时间轴】面板中，如图2-95所示。此时在【项目】面板中自动生成一个与素材等大的序列。

图2-95

步骤/03 此时，画面效果如图2-96所示。

图2-96

步骤/04 在【效果】面板中搜索【三向颜色校正器】效果，并将该效果拖曳到V1轨道的"01.mp4"素材上，如图2-97所示。

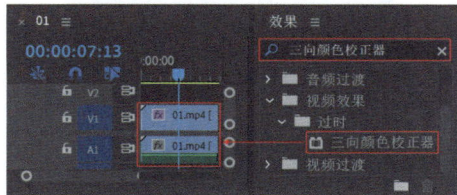

图2-97

步骤/05 选中V1轨道的"01.mp4"素材，在【效果控件】面板中展开【三向颜色校正器】效果，然后将【阴影】色盘上的控制点向红色区域拖动，如图2-98所示。

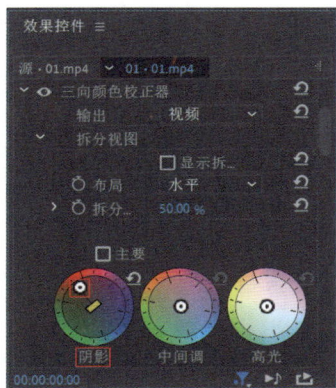

图2-98

步骤/06 此时，画面效果如图2-99所示。

图2-99

步骤/07 接着将【中间调】色盘上的控制点向橙色区域拖动，如图2-100所示。

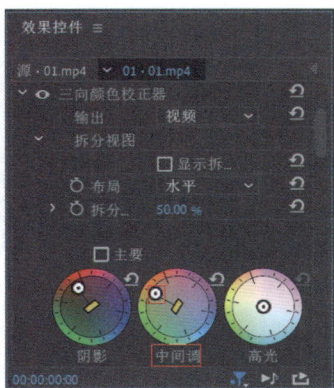
图2-100

步骤/08 此时，画面效果如图2-101所示。

图2-101

步骤/09 接着将【高光】色盘上的控制点向黄色区域拖动，如图2-102所示。

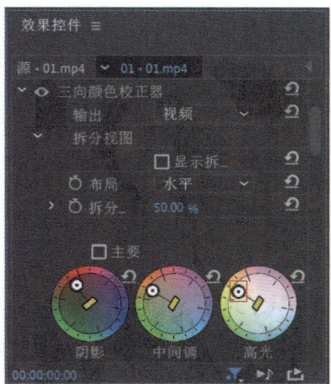
图2-102

步骤/10 此时，画面效果如图2-103所示。

图2-103

步骤/11 将着展开下方的【主色阶】卷展栏，设置【主输入黑色阶】为8.00，【主输出白色阶】为240.00，如图2-104所示。

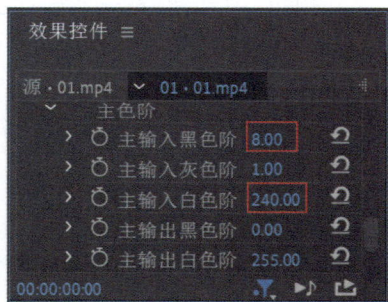
图2-104

步骤/12 此时，本案例制作完成，画面前后对比效果如图2-105所示。

图2-105

第 3 章

配乐与音效

视频中的声音与音效在内容创作和观众体验中扮演着至关重要的角色。本章将介绍视频中声音与音效的分类及其应用方法。通过对视频中声音与音效项目的分析及实战操作，帮助读者掌握视频中不同类型的声音与音效处理技巧，提高在实际应用中的音频设计能力。

3.1 声音与音频的分类

声音是通过耳朵感知到的声波振动，通过录音设备可以记录并保存为不同形式的音频文件。在视频制作中，声音不仅包括原始录制的音频，还可以是后期添加的音频内容。创作者可以根据视频的主题和需求，对音频进行剪辑和处理，使其与影像内容完美匹配。

声音与影像相辅相成，通过音乐、音效和语音来丰富视觉效果，增强叙事效果，并塑造特定的氛围。良好的声音设计能够大幅提升视频的感染力，给观众带来更为生动和沉浸的视听体验。声音主要包括人声、配音和配乐等元素。

3.1.1 人声

人声是视频中至关重要的声音元素，通常以对话、旁白或独白的形式出现。它通过语言传递信息和情感，帮助观众更好地理解角色的情感和故事情节。人声配图示例如图3-1和图3-2所示。

图3-1

图3-2

对话：角色之间的对话有助于展现他们的互动和剧情发展，使视频更加连贯和易于理解。

旁白：旁白通常在后期添加，用来解说或补充信息。它可以解释背景、角色和情节，增强观众对故事的理解。

独白：独白是角色对自己或观众的内心表述，能够揭示角色的思想和感受，增加故事的深度和复杂性。

3.1.2 音效

音效增强了视频的现场感和动作效果，为观众带来更真实的观看体验。音效可以用于提升场景的真实感、动作的表现力和氛围的营造。音效配图示例如图3-3和图3-4所示。

图3-3

图3-4

1. 环境音效

自然环境音效为视频增添自然的氛围和真实感，常用于Vlog、旅游视频等。如风雨声、流水声、鸟鸣声等。

人文环境音效提升了场景的真实性，使观众更容易沉浸于视频中。如交通、制造业、活动场所等所产生的声音。

2. 动作音效

动作音效增强了动作的真实性和动态感，使场景更加生动。如脚步声、撞击声等。

3. 氛围音效

氛围音效用来营造特定的情绪氛围，增强观众的情感体验。如心跳声、童谣声等。

4. 合成音效

合成音效通过电子设备合成的特殊音效，用于强化情绪或营造特定气氛，增加视频的吸引力。如爆炸声、机械音等。

3.1.3 音乐

音乐通过旋律和节奏传递情感和情绪。合适的音乐配乐可以为视频营造出特定的氛围，使观众更加投入。音乐可以是纯音乐，也可以是包含人声的歌曲。音乐配图示例如图3-5和图3-6所示。

图3-5

图3-6

3.1.4　无声

无声的使用创造了特定的氛围或强调某些动作。无声可以让观众更加专注于画面本身，加深对情节或情感的理解。通过音效和视觉效果的结合，无声也能在不使用语言的情况下传递信息，增强视频的表现力和情感张力。无声的画面示例如图3-7～图3-9所示。

图3-7

图3-8

图3-9

3.2　音频处理与音效应用

在视频制作中，音频扮演着至关重要的角色。不同风格的音效、声音效果和音乐都可以极大地影响视频的表现效果。为了使视频更加引人入胜，创作者需要精心选择和处理音频元素，使其与视觉内容相辅相成，从而提升视频的整体表现力和观众的体验感。

3.2.1　声音的基本属性

声音作为感官刺激的重要因素，对观众的听觉体验具有显著影响。了解声音的基本属性能够帮助创作者更好地利用声音传达信息和情感。声音的基本属性包括音色、音调、音量、音长、节奏和旋律等。声音的调整界面如图3-10所示。

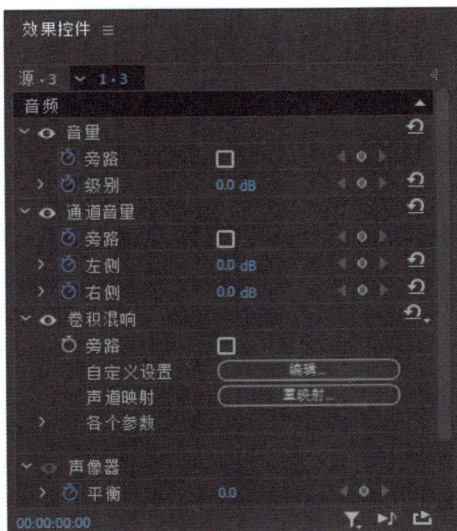

图3-10

音色：音色是声音的独特特征，通过音色能够分辨不同的声音来源。例如乐器声或人声。每种声音都有其独特的音色，这有助于观众识别声音的来源和性质。

音调：音调是指声音的高低，这种特性在传达情感和情绪方面发挥着重要作用。高音调通常用于明亮和轻快的场景，而低音调则适合沉重和紧张的场景。

音量：音量指的是声音的强度，即声音的大小。调整音量时，需要平衡背景声音与对话的清晰度，确保重要信息清楚可听，同时增强视频的沉浸感。

音长：音长是指音符持续的时间。较长的音长可以创造温馨或悠闲的氛围，而较短的音长则带来快速和紧凑的节奏感，适合表现紧迫和激烈的情感。

节奏：音乐的节奏涉及音符的长度、强度以及它们之间的关系。节奏的变化与剪辑和转场效果相结合，增强视频的动态感，丰富视听体验。

旋律：旋律是由音符组成的，有特定的音高、音程和节奏。音乐的旋律为视频内容提供情感基调，塑造整体氛围和风格。

3.2.2 音频处理与音效应用

为了提升视频的表现力，音频处理和音效应用至关重要。以下是一些关键的音频处理技术和应用方法。

降噪：去除或减少背景噪声和杂音，使音频更加清晰。清晰的音频质量能够提高视频的观赏体验。

音量调整：调整音频的整体音量，确保它与视频内容和播放环境协调。适当的音量设置可以增强视频的沉浸感。

人声分离：将人声从背景音中分离，以便进行单独处理，提高语言的清晰度和准确性。

音频分离（提取音乐）： 将视频中的原声音频分离出来，提取成单独的音频文件，以便进行调整、替换或删除。

音频添加： 为视频添加背景音乐或其他音效，增强视频的氛围和吸引力。

音效添加： 在特定场景中加入特殊音效，以增强视觉效果和情感表达。

音频分割与删除： 对音频进行分割、拼接或删除，调整音频的开始和结束时间，使其与视频内容更好地配合。

淡入淡出： 在音频的开始和结束时添加渐变效果，实现平滑过渡，避免突兀的切换。

音频变速： 改变音频的播放速度，调整声音的节奏和情感表现。

节拍： 通过标记音乐的节拍，并将其与视频画面的转场或特效对齐，制作出卡点效果，尤其适用于制作节奏感强的视频。

声音效果： 为音频添加独特的效果，增强声音的表现力。例如：改变声音的音调和音色、加入人声增强、留声机、环绕声、回音等特殊效果。

3.3 音频叙事与情感传达

声音是视频中的重要组成部分，它通过语言、对话和音乐等形式传递信息和情感，对于视频的叙事和情感表达至关重要。音频元素与视觉内容紧密配合，能够深刻影响视频的节奏、叙事效果和情感传达。

3.3.1 音频与故事叙述

音频和影像的结合，共同构建了视频的故事情境。不同类型的视频在叙事上的需求也有所不同。例如，影视类和创意类视频对故事的连贯性和完整性有较高的要求，这就需要精心编排音乐和对话来吸引观众。而知识科普类视频则更加注重内容的清晰度和条理性，背景音乐应该作为辅助元素，避免干扰主要信息。音频与故事叙述配图示例如图3-11和图3-12所示。

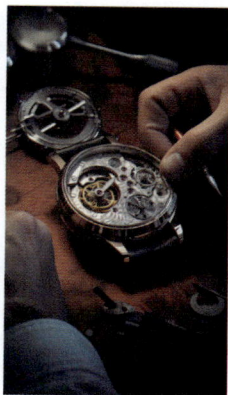

图3-11　　　　　　　　　　　　　　　　图3-12

1. 声音在叙事中的作用

叙事连贯性：声音元素能够帮助连贯叙事情节。例如，通过声音的过渡效果，可以实现不同场景间的平滑切换，保持叙事的流畅性。

丰富叙事效果：声音能够突破画面的限制，为观众提供更广阔的想象空间，加深对视频内容的理解。

增强节奏感：通过与视频节奏相匹配的音乐或音效，声音能够强化视频的节奏感，使故事发展更加清晰明了。

2. 视频的叙事与音频相配合

选择合适的音效和背景音乐：根据视频的主题和情感，挑选合适的音效和背景音乐，能让叙事更为自然流畅。

配音的使用：在一些视频中，配音发挥着重要作用。选用合适的声音和语气，可以让观众更投入到视频的故事中。

声画配合：精确掌握音频和视频的配合。例如，在关键情节中，通过音效或背景音乐的变化，能够强调情节的重要性，吸引观众的注意力。

声音的质量：确保配音和配乐的清晰，避免杂音或音质问题，以便观众能清楚地接收到信息。

3.3.2　音频与情感表达

配音和配乐是传达情感和营造氛围的强有力工具。它们能够引发观众的情感共鸣，使观众更好地理解和感受视频中的情感。例如，在悬疑或紧张的情节中，选择适当的音乐和音效，如心跳声或尖叫声，可以增强情节的紧张感。音频与情感表达配图示例如图3-13和图3-14所示。

图3-13　　　　　　　　　　　　　　　　　图3-14

1. 声音元素在视频情感表达中的作用

传达情感：不同的配音和配乐可以传达出悲伤、欢乐、紧张等多种情感，直接影响观众的情感体验。

增强情感共鸣：声音能够引导观众的情感反应，使他们更深入地投入到视频展现的情感世界中。

渲染气氛：音频的节奏和背景音乐的变化可以与视频画面和故事情节相呼应，不仅突出情节冲突，还加强角色的情感表达。

2. 视频的情感表达与音频相配合

选择合适的音乐：根据视频的情感和主题，选择合适的音乐风格。例如，表达悲伤情感时，可以选用柔和、慢节奏的音乐，以增强情感的传达。

使用音效：通过音效增强情感和氛围。例如，在紧张的情节中使用心跳声或脚步声，可以增添观众的紧张感，使情节更加扣人心弦。

运用声音的动态：调整声音的音量、速度和音调来表达情感和氛围。例如，在紧张情节中逐渐增加音乐的音量和速度，可以有效地提升紧张气氛。

运用语言和对话：人物的语言和对话是情感表达的重要方式。选择适当的语言和语气，可以更加生动地传达角色的情感，使角色表达更加真实和有力。

3.4 实操：使用"画外音"为视频添加旁白

3.4.1 设计思路

案例类型：

本案例是一个情感与场景融合类的视频设计项目，如图3-15所示。

图3-15

项目诉求：

在快节奏的现代生活中，孩子们越来越远离大自然，被电子产品和繁重的课业所包围。童年的纯真与对大自然的好奇与探索，成了许多人心中的美好回忆，却也成了现代儿童难以触及的奢望。本项目旨在通过一场精心设计的"自然与童年的梦幻之旅"，带领孩子们重新回归大自然，唤醒他们内心深处的探索欲与创造力，让童年在大自然的怀抱中绽放光彩。

设计定位：

本项目的设计定位聚焦于打造一个梦幻而温馨的视觉叙事体验，通过精心策划的视觉元素与情感引导，引领观者穿越至一个充满自然魅力的幻想空间。以一个小女孩在红色花田中的漫步为核心场景，巧妙运用了不同角度与动作的构图变化，展现了时间的流转与空间的层次，让观者仿佛置身于这场视觉旅行中。

3.4.2　配色方案

本案例通过主色、辅助色和点缀色的巧妙搭配，成功地捕获了自然美景与人物风采。它不仅能够吸引观者的眼球，还能引导他们深入感受画面所传达的自然之美与人文情感。

主色：

绿色作为主色，能够完美代表花叶和草的勃勃生机，作为主色铺满整个画面背景，营造出一种清新、自然且充满生命力的氛围。本案例的主色示例如图3-16所示。

图3-16

辅助色：

红色作为辅助色，以突显花朵的鲜艳与热烈。辅助色的红色与主色的绿色形成鲜明对比，使得花朵在绿叶中更加引人注目，增添了画面的视觉冲击力。辅助色与主色的对比如图3-17所示。

图3-17

点缀色：

浅棕色作为点缀色，不仅能在绿色与红色的背景中脱颖而出，还能为画面增添一抹温馨与优雅，使整个场景更加生动、和谐。加上点缀色的示例如图3-18所示。

图3-18

3.4.3　项目实战

步骤／01　首先在软件中新建一个项目。接着在菜单栏中选择【文件】|【导入】命令，在弹出的【导入】对话框（见图3-19）中导入全部素材。

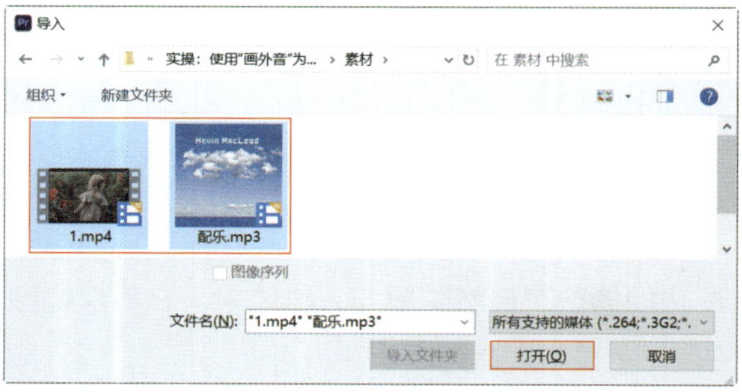

图3-19

步骤／02　将【项目】面板中的"1.mp4"素材拖曳到【时间轴】面板中，如图3-20所示。此时在【项目】面板中自动生成一个与素材等大的序列。

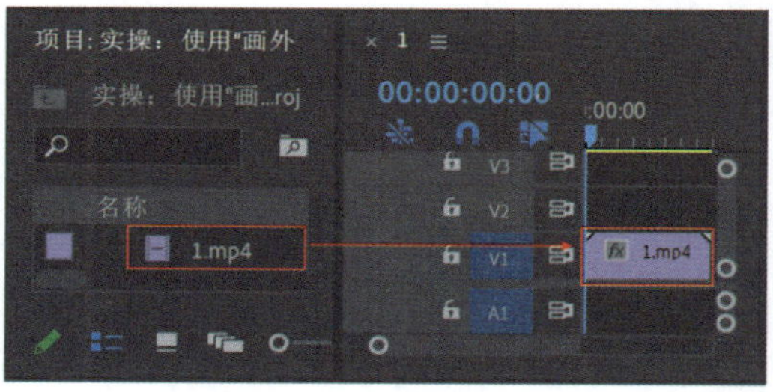

图3-20

步骤／03　此时，画面效果如图3-21所示。

图3-21

步骤／04　将时间线滑动至1秒位置，单击【工具】面板中的 T （文字工具）按钮，然后在【节目监视器】面板底部合适位置单击并输入文字，如图3-22所示。

图3-22

步骤／05　选中V2轨道的文字图层，在【效果控件】面板中展开【文本/源文本】卷展栏，设置合适的字体系列和字体样式，设置【字体大小】为70，设置【填充颜色】为白色，接着展开【变换】卷展栏，设置【位置】为（490.0，1005.0），如图3-23所示。

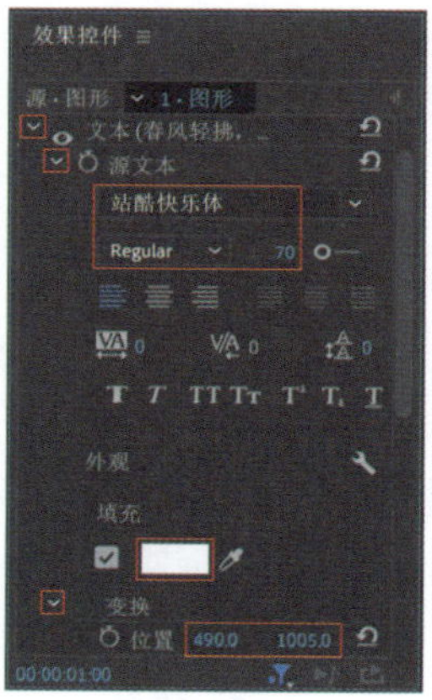

图3-23

步骤／06　此时，画面效果如图3-24所示。

图3-24

步骤／07　将时间线滑动至5秒24帧位置，单击【工具】面板中的 T （文字工具）按钮，然后在【节目监视器】面板底部合适位置单击并输入文字，选中V2轨道的文字图层，在【效果控件】面板中展开【文本/源文本】卷展栏，设置合适的字体系列和字体样式，设置【字体大小】为70，设置【填充颜色】为白色，接着展开【变换】卷展栏，设置【位置】为（694.0，1005.0），如图3-25所示。

图3-25

步骤/08 将时间线滑动至10秒24帧位置，单击【工具】面板中的 █（文字工具）按钮，然后在【节目监视器】面板底部合适位置单击并输入文字，选中V2轨道的文字图层，在【效果控件】面板中展开【文本/源文本】卷展栏，设置合适的字体系列和字体样式，设置【字体大小】为70，设置【填充颜色】为白色，接着展开【变换】卷展栏，设置【位置】为（543.4，1005.0），如图3-26所示。

图3-26

步骤/09 将时间线滑动至起始位置，在【时间轴】面板中单击A1轨道的 █（画外音录制）按钮，倒计时结束后开始录制音频，如图3-27所示。

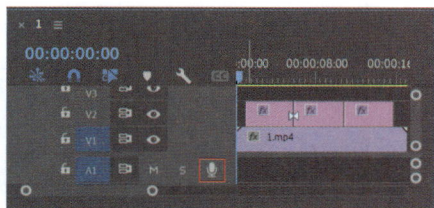

图3-27

步骤/10 音频录制完成后再次单击A1轨道的 █（画外音录制）按钮，结束录制，此时在A1轨道自动生成音频文件，如图3-28所示。

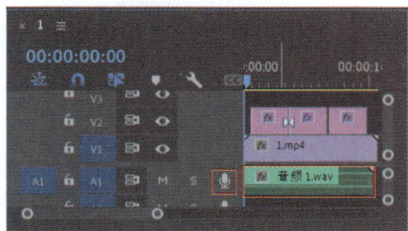

图3-28

步骤/11 将时间线滑动至起始位置，将【项目】面板中的"配乐.mp3"素材拖曳到【时间轴】面板中的A2轨道上，如图3-29所示。

图3-29

步骤/12 将时间线滑动至17秒05帧位置处，选中A2轨道的"配乐.mp3"素材，使用快捷键Ctrl+K，在当前位置将素材进行分割，然后选中时间线后方的素材，按Delete键将其删除，如图3-30所示。

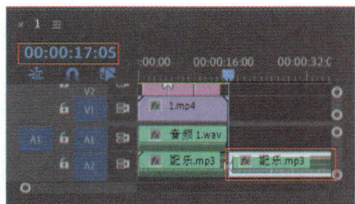

图3-30

步骤/13 此时，本案例制作完成，画面前后对比效果如图3-31所示。

图3-31

3.5 实操：制作具有节奏感的色彩变换视频

3.5.1 设计思路

案例类型：

本案例是一个以"城市天际线时间流转视觉叙事"为主题的设计项目，如图3-32所示。

图3-32

项目诉求：

本项目致力于通过一系列的视觉元素与叙事手法，全方位、多维度地展现城市天际线的独特魅力与多样性。运用创造性的表现手法，将城市的壮丽景象、建筑风格、空间布局等要素巧妙融合，构建出一个立体、生动的城市形象。通过这一项目的实施，我们旨在激发公众对城市探索的兴趣与热情，提高城市的文化内涵与知名度，同时促进城市形象的正面传播与影响力的扩大。

设计定位：

本案例旨在通过视觉叙事的手法，展现城市天际线在不同时间与空间维度下的独特韵味与流转之美。通过多维视角的展现、氛围的营造以及文化与情感的传达，项目将为观众带来一场难忘的视觉盛宴与精神之旅。

3.5.2　配色方案

本案例以低饱和度的灰蓝色渐变构建城市天际线的深邃背景，金色或暖色光源点缀关键建筑，增添温暖与亮点，通过天空色彩的微妙变化强化时间流转的感觉，整体配色和谐统一，增强视觉叙事与情感表达。

主色：

灰色作为整体画面的基调，能够很好地表现城市天际线的沉稳与大气。它不仅能够凸显建筑物的轮廓，还能营造出一种现代、简约的氛围。本案例的主色示例如图3-33所示。

图3-33

辅助色：

金色作为辅助色，能够增添画面的奢华感和温暖感，使建筑物在灰色基调中脱颖而出，成为视觉焦点。同时，金色也象征着城市的繁荣与活力。辅助色和主色的对比如图3-34所示。

图3-34

点缀色：

蓝色作为点缀色，主要用于表现天空。不仅能够平衡画面的冷暖色调，还能增加画面的开阔感和深远感，使观众感受到城市的广阔与宁静。加上点缀色的示例如图3-35所示。

图3-35

3.5.3 项目实战

步骤/01 首先在软件中新建一个项目。接着在菜单栏中选择【文件】|【导入】命令，在弹出的【导入】对话框（见图3-36）中导入全部素材。

图3-36

步骤/02 将【项目】面板中的"1.mp4"素材拖曳到【时间轴】面板中，如图3-37所示。此时在【项目】面板中自动生成一个与素材等大的序列。

图3-37

步骤/03 在【时间轴】面板中，按住Alt键的同时单击A1轨道的音频素材，接着按Delete键将其删除，如图3-38所示。

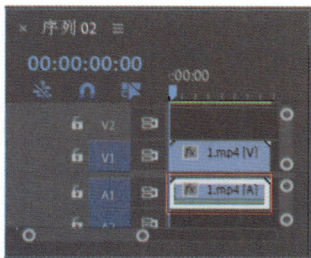

图3-38

步骤/04 此时，画面效果如图3-39所示。

图3-39

步骤/05 将【项目】面板中的"音乐.mp3"素材拖曳到【时间轴】面板中的A1轨道上，如图3-40所示。

图3-40

步骤/06 将时间线滑动至7秒19帧位置处，选中A1轨道的"音乐.mp3"素材，使用快捷键Ctrl+K键将素材进行剪辑分割，选中时间线后方的音频素材，按Delete键将其进行删除，如图3-41所示。

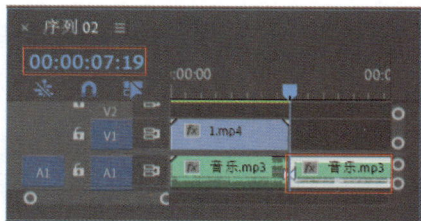

图3-41

步骤/07 接着聆听音乐，在音乐节奏较强的位置按M键，进行添加标记，如图3-42所示。

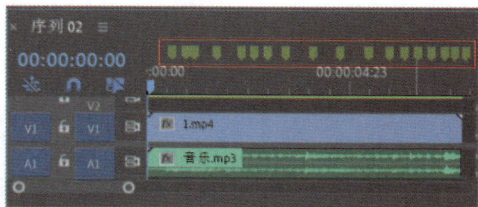

图3-42

步骤/08　将时间线滑动至15帧第一个标记位置处，选中V1轨道的"1.mp4"素材，然后单击【工具】面板中的 ◥（剃刀工具）按钮，在当前位置单击，将素材进行分割，如图3-43所示。

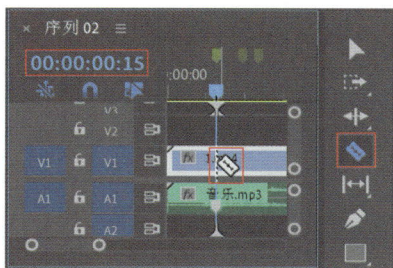

图3-43

步骤/09　在【时间轴】面板中单击添加的第2个标记，此时时间线自动定位到当前位置，后单击【工具】面板中的 ◥（剃刀工具）按钮，在当前位置单击，再将素材进行分割，如图3-44所示。

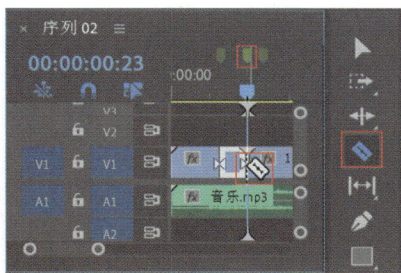

图3-44

步骤/10　在【时间轴】面板中单击添加的第3个标记，在"1.mp4"素材选中的状态下，使用快捷键Ctrl+K将素材进行剪辑分割，如图3-45所示。

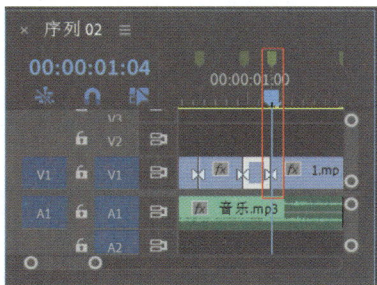

图3-45

步骤/11　继续使用同样的方法在其他标记位置处将素材进行分割，如图3-46所示。

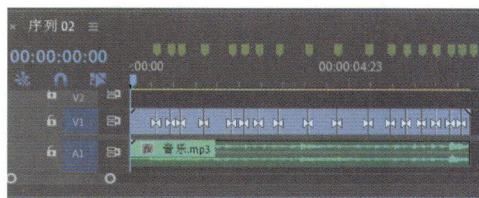

图3-46

步骤/12　在【效果】面板中搜索【黑白】效果，并将该效果拖曳到V1轨道起始位置的"1.mp4"素材上，如图3-47所示。

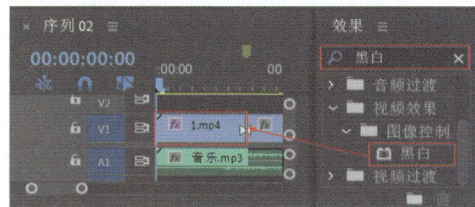

图3-47

步骤/13　此时，画面效果如图3-48所示。

图3-48

步骤/14　将时间线滑动至23帧位置处，在【效果】面板中搜索【黑白】效果，并将该效果拖曳到V1轨道23帧位置处的"1.mp4"素材上，如图3-49所示。

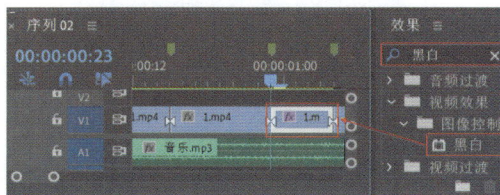

图3-49

步骤/15 继续使用同样方法在其他素材上添加【黑白】效果。此时，滑动时间线时呈现的画面效果如图3-50所示。

图3-50

步骤/16 将时间线滑动至起始位置，单击【工具】面板中的 T （文字工具）按钮，然后在【节目监视器】面板底部合适位置单击并输入文字，如图3-51所示。

图3-51

步骤/17 将时间线滑动至7秒19帧位置处，设置V2轨道文字图层的结束时间为7秒19帧，如图3-52所示。

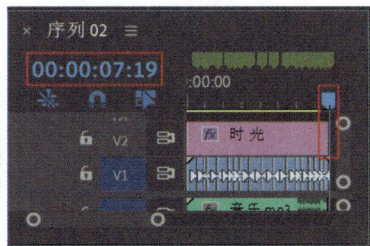

图3-52

步骤/18 选中V2轨道的文字图层，在【效

果控件】面板中展开【文本/源文本】卷展栏，设置合适的字体系列和字体样式，设置【字体大小】为1570，接着选中【填充颜色】复选框，如图3-53所示。

图3-53

步骤/19 在弹出的【拾色器】窗口中设置【填充选项】为线性渐变，接着编辑一个蓝色系的渐变颜色，然后单击【确定】按钮，如图3-54所示。

图3-54

步骤/20 接着展开【变换】卷展栏，设置【位置】为（-22.1,1693.9），【不透明度】为61.0%，如图3-55所示。

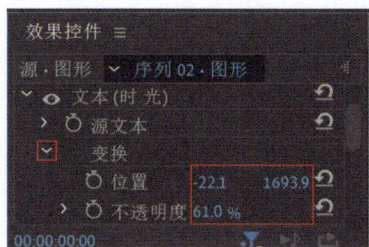

图3-55

步骤21 此时，画面效果如图3-56所示。

图3-56

步骤22 此时，本案例制作完成，滑动时间线时呈现的画面效果如图3-57所示。

图3-57

🍎 **读书笔记**

第 4 章

视频特效

视频特效是指在视频制作过程中对视频素材进行加工处理，添加各种视觉元素和动画效果，旨在增强视频的视觉表现力和吸引力。视频特效广泛应用于电影、电视剧、广告、短视频等领域。在电影和电视剧中，特效可以用于创造逼真的虚拟场景、角色和动作，增强观众的沉浸感和视觉冲击力。在广告和短视频中，特效可以用于吸引观众的注意力，提高视频的趣味性和传播效果。

4.1 认识视频特效

视频特效是通过计算机软件和技术，对视频素材进行特殊处理，以创造超越常规拍摄效果的视觉表现。它旨在增强视频的吸引力，丰富叙事，甚至创造现实中难以实现的场景，是视频制作中的重要组成部分。

视频特效通过增强视觉吸引力、丰富内容表现、营造氛围、传达特定信息、提高制作质量以及创新表达方式等多方面作用，显著提升视频的观看体验。特效不仅能够使视频更加生动、有趣，还能帮助观众更好地理解内容，同时提高视频的整体专业度和观赏性，为创作者提供更多创新表达的途径，让观众更加沉浸于视频内容所呈现的世界。视频特效示例如图4-1和图4-2所示。

图4-1

图4-2

4.2 视频特效的分类

视频特效的分类多种多样，每种特效都有其独特的作用和应用场景。通过灵活运用这些特效，可以让视频作品更加生动、有趣、艺术化或具有科幻感。视频特效主要分为滤镜特效、动画特效、转场特效及合成模式四大类。

4.2.1 滤镜特效

滤镜特效是通过应用不同的滤镜来改变视频的色调和风格，例如黑白、复古、模糊等，还可以改变视频素材的色彩、亮度、对比度等属性，从而创造出不同的视觉效果。滤镜特效示例如图4-3~图4-5所示。

图4-3　　　　　　　　　　　　图4-4　　　　　　　　　图4-5

4.2.2　动画特效

动画特效可以让视频素材中的某些元素产生运动效果，例如让文字飞入、图形缩放、围绕图像中心扭曲产生漩涡等效果，增强视频的动态感和视觉冲击力。动画特效示例如图4-6所示。

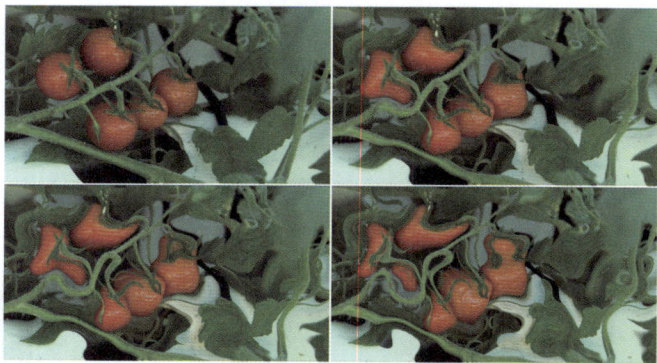

图4-6

4.2.3　转场特效

转场特效是连接不同视频片段、增强影片流畅性和故事连贯性的重要工具。通过应用各类转场效果，能够帮助创作者在视频剪辑中实现平滑过渡，使不同场景之间的切换更加自然、流畅，同时也为影片增添了视觉层次感和动态美感。转场特效示例如图4-7和图4-8所示。

图4-7　　　　　　　　　　　　　　　图4-8

4.2.4 合成模式

合成模式可以改变视频素材与背景的混合方式，从而创造出更加复杂的效果，如通过遮罩、透明度和混合模式等，将多个图层合成在一起，创建丰富的视觉效果。合成模式示例如图4-9～图4-11所示。

图4-9 　　　　　　　　　　图4-10 　　　　　　图4-11

4.3 实操：使用"Alpha 发光"效果制作荧光视觉效果

4.3.1 设计思路

案例类型：

本案例是霓虹夜色的设计项目，如图4-12所示。

图4-12

项目诉求：

随着现代都市生活的快节奏发展，人们越来越渴望在繁忙之余找到一处能够放松身心、享受社交乐趣的场所。本项目旨在打造一家集时尚、舒适、互动于一体的社交酒吧，为都市人群提供一个独特的夜生活体验空间。通过精心设计的空间布局、色彩搭配和灯光效果，营造出既充满活力又不失温馨的酒吧氛围。

设计定位：

为了打造出一个既时尚又温馨的社交空间，以"霓虹夜色"为主题，将现代霓虹灯文化与传统酒吧元素相融合。通过色彩、材质、灯光和布局的综合运用，营造出一种独特的氛围，让顾客在享受美酒佳肴的同时，也能沉浸在浓厚的社交和艺术氛围中。

4.3.2　配色方案

本案例通过橙色、蓝色和白色的搭配，可以打造出一个充满活力、清新高雅且富有层次感的酒吧空间。这些色彩在空间中相互交织、相互映衬，共同营造出一种独特的氛围，让顾客在享受美酒佳肴的同时，也能感受到酒吧的独特魅力和品牌文化。

主色：

作为酒吧空间的主导色调，橙色能够带来活力与热情的氛围。它明亮而鲜艳，能够迅速吸引顾客的注意力，并营造出一种轻松、愉快的社交环境。橙色的墙面、家具或装饰品都能够成为空间的焦点，让顾客在踏入酒吧的那一刻就感受到热情与活力。本案例的主色示例如图4-13所示。

图4-13

辅助色：

蓝色作为辅助色，用于平衡橙色的热烈，为空间增添一份宁静与深邃。它可以用于酒吧的某些装饰元素、墙面局部或灯光效果中，与橙色形成鲜明的对比，同时保持整体的和谐、统一。蓝色的使用能够营造出一种宁静、高雅的氛围，让顾客在享受社交乐趣的同时，也能感受到一份宁静与放松。辅助色和主色的对比如图4-14所示。

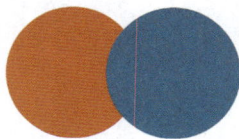

图4-14

点缀色：

白色作为点缀色，用于凸显酒吧内的文字、细节装饰或特定元素。白色文字在橙色和蓝色的背景下显得格外清晰和醒目，能够有效地传达信息，同时保持空间的整洁与高雅。白色还能够作为过渡色，使不同色彩之间更加和谐、自然。在酒吧设计中，白色可以用于吧台台面、餐具、照明设备或墙面装饰线条等，为整体空间增添一份精致感。加上点缀色的示例如图4-15所示。

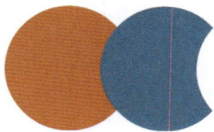

图4-15

4.3.3 项目实战

步骤/01 首先在软件中新建一个项目和序列。接着在菜单栏中选择【文件】|【导入】命令，在弹出的【导入】对话框（见图4-16）中导入全部素材。

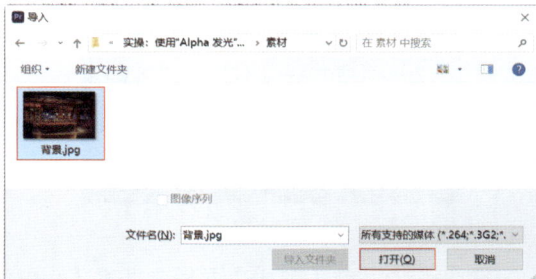

图4-16

步骤/02 将【项目】面板中的"背景.jpg"素材拖曳到【时间轴】面板中，如图4-17所示。

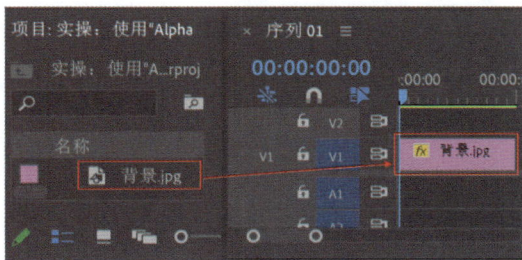

图4-17

步骤/03 将时间线滑动至1秒位置处，设置V1轨道背景素材的结束时间为1秒，如图4-18所示。

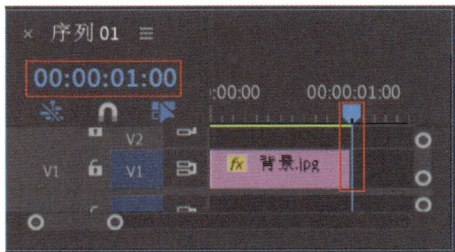

图4-18

步骤/04 选择V1轨道的背景素材，在【效果控件】面板中展开【运动】卷展栏，设置【缩放】为38.0，如图4-19所示。

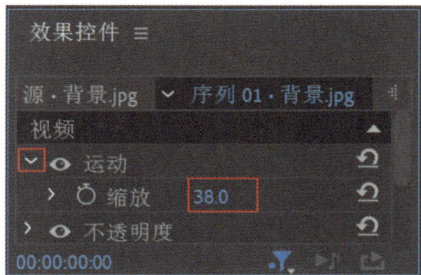

图4-19

步骤/05 此时，画面效果如图4-20所示。

图4-20

步骤/06 将时间线滑动至起始位置，单击【工具】面板中的（文字工具）按钮，然后在【节目监视器】面板底部合适位置单击并输入文字，如图4-21所示。

图4-21

步骤/07 选中V2轨道的文字图层，在【效果控件】面板中展开【文本/源文本】卷展栏，设置合适的字体系列和字体样式，设置【字体大小】为203，【字距】为100，单击（全部大写字母）按钮，设置【填充颜色】为白色，接着展开【变换】卷展栏，设置【位置】为（429.8,614.0），如图4-22所示。

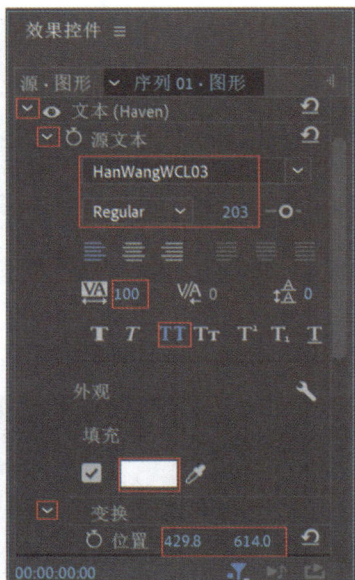

图4-22

步骤/08 将时间线滑动至1秒位置处，设置V2轨道文字图层的结束时间为1秒，如图4-23所示。

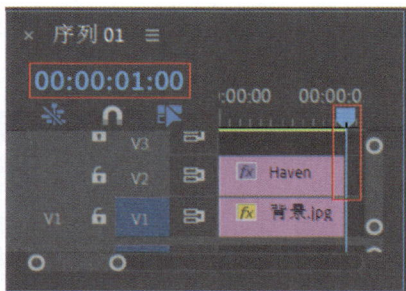

图4-23

步骤/09 此时，画面效果如图4-24所示。

图4-24

步骤/10 在【时间轴】面板中选中V2轨道的文字图层，按住Alt键的同时按住鼠标左键向V3轨道拖动，将其复制一份，如图4-25所示。

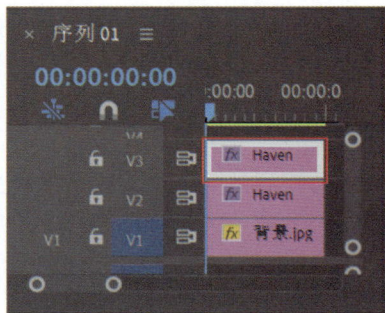

图4-25

步骤/11 在【效果】面板中搜索【Alpha发光】效果，并将该效果拖曳到V1轨道"1.png"素材上，如图4-26所示。

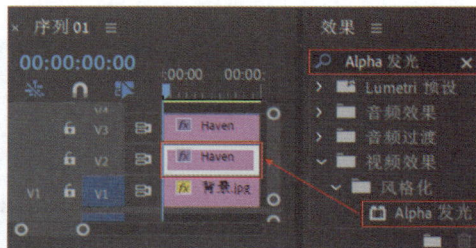

图4-26

步骤/12 选择V2轨道的文字图层，在【效果控件】面板中展开【Alpha 发光】效果，设置【发光】为80，【起始颜色】为黄色，【结束颜色】为淡黄色，如图4-27所示。

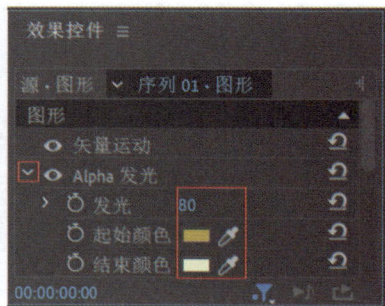

图4-27

步骤/13 此时，画面效果如图4-28所示。

图4-28

步骤/14 在【效果】面板中搜索【高斯模糊】效果，并将该效果拖曳到V3轨道的文字图层上，如图4-29所示。

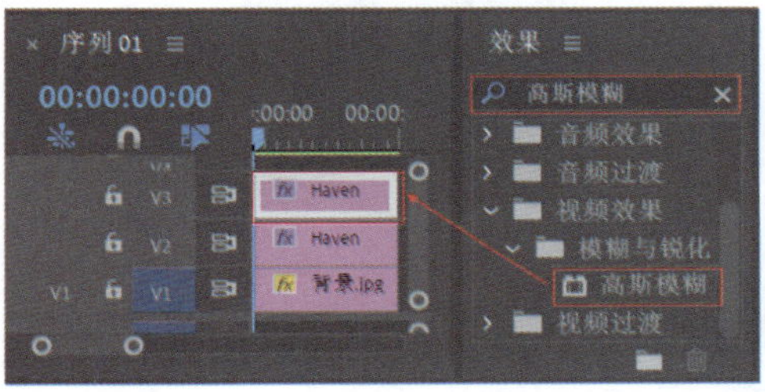

图4-29

步骤/15 选择V3轨道的文字图层，在【效果控件】面板中展开【高斯模糊】效果，设置【模糊度】为60.0，如图4-30所示。

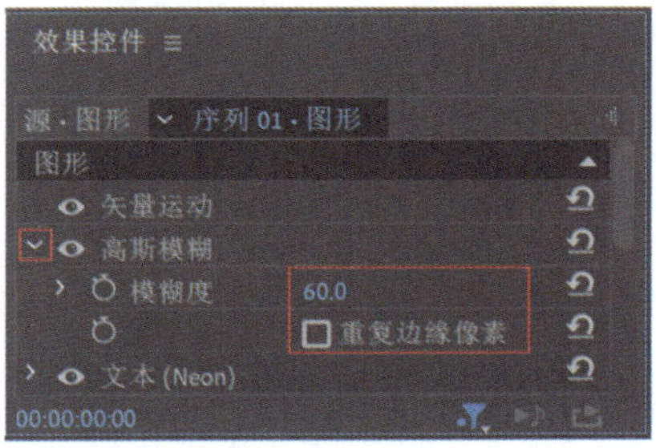

图4-30

步骤/16 此时，本案例制作完成，滑动时间线时呈现的画面效果如图4-31所示。

图4-31

📚 **读书笔记**

4.4 实操：使用"光照效果"制作绚丽光影

4.4.1 设计思路

案例类型：

本案例是一个结合了感情故事和视觉效果的项目，如图4-32所示。

图4-32

项目诉求：

通过光影艺术的叙事手法，讲述在现代都市中情侣之间的爱情故事，展现爱情的多面性与美好。我们将运用光影、色彩与空间布局，构建一系列沉浸式展览场景，引导观者穿梭于光与影之间，体验爱情的甜蜜、挑战与成长。

设计定位：

为了打造一系列集光影艺术、情感叙事与文化共鸣于一体的沉浸式展览场景。我们将以光影为核心媒介，结合现代设计手法与情感表达需求，打造出既具有艺术美感又富含情感深度的展览空间。

4.4.2 配色方案

本案例以粉色为主打色彩，通过渐变效果营造出梦幻般的视觉效果；通过青色的辅助色和蓝灰色的点缀色，创造出令人愉悦的视觉效果。

主色：

粉色作为画面的主导色彩，以其柔和、浪漫的特性，为整个场景奠定了温馨而梦幻的基调。无论是浅粉还是深粉，都能与紫色完美融合，营造出一种独特的视觉氛围。本案例的主色示例如图4-33所示。

图4-33

辅助色：

黄色作为辅助色，能够增强画面的活力和温暖感。选择一种柔和而温暖的淡黄色，可以与粉色形成和谐的对比，同时不会过于突兀。这种黄色可以用于突出图片中的某些细节或增加视觉层次感。辅助色和主色的对比如图4-34所示。

图4-34

点缀色：

蓝灰色作为点缀色，将用于凸显画面中的某些重要元素或细节，蓝灰色既具有蓝色的冷静与沉稳，又融入了灰色的低调与内敛，为画面增添一份高级感和稳重感。加上点缀色的示例如图4-35所示。

图4-35

4.4.3　项目实战

步骤/01　首先在软件中新建一个项目。接着在菜单栏中选择【文件】|【导入】命令，在弹出的【导入】对话框（见图4-36）中导入全部素材。

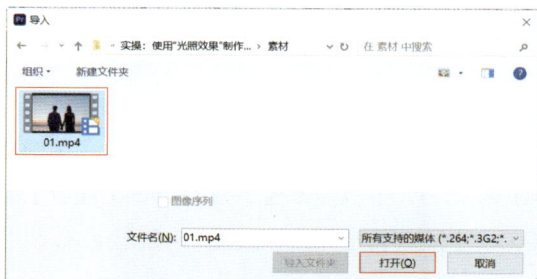

图4-36

步骤/02　将【项目】面板中的"01.mp4"素材拖曳到【时间轴】面板中，如图4-37所示。此时，在【项目】面板中自动生成一个与素材等大的序列。

图4-37

步骤/03　此时，画面效果如图4-38所示。

图4-38

步骤/04　在【效果】面板中搜索【光照效果】效果，并将该效果拖曳到V1轨道的"01.mp4"素材上，如图4-39所示。

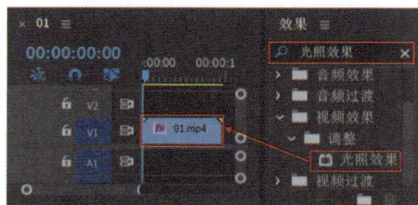

图4-39

步骤/05 选择V轨道的"01.mp4"素材，在【效果控件】面板中展开【光照效果】效果，展开【光照1】卷展栏，设置【光照颜色】为蓝色，【中央】为（1166.3,454.7），【主要半径】为38.9，【次要半径】为24.1，【强度】为40.0，【聚焦】为80.0，如图4-40所示。

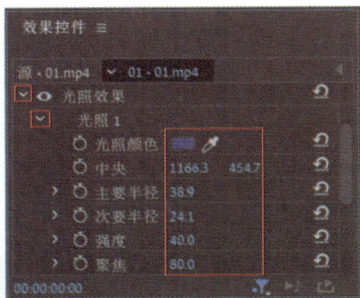

图4-40

步骤/06 此时，画面效果如图4-41所示。

图4-41

步骤/07 接着展开【光照2】卷展栏，设置【光照类型】为点光源，【光照颜色】为紫色，【中央】为（2602.7,639.5），【角度】为318.0°，【强度】为48.0，【聚焦】为62.0，如图4-42所示。

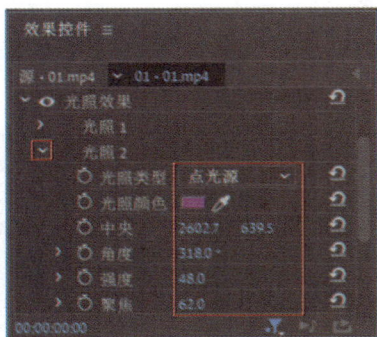

图4-42

步骤/08 此时，画面效果如图4-43所示。

图4-43

步骤/09 接着展开【光照3】卷展栏，设置【光照类型】为点光源，【光照颜色】为红色，【中央】为（1322.7,1534.7），【主要半径】为48.6，【次要半径】为26.0，【角度】为144.0°，【强度】为17.0，如图4-44所示。

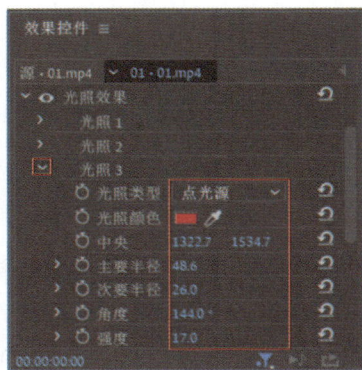

图4-44

步骤/10 此时，画面效果如图4-45所示。

图4-45

步骤/11 接着展开【光照4】卷展栏，设置【光照类型】为点光源，【光照颜色】为黄绿色，【中央】为（3498.7,1577.4），【角度】

为38.0°，【环境光照强度】为35.0，【表面光泽】为20.0，【曝光】为5.0，如图4-46所示。

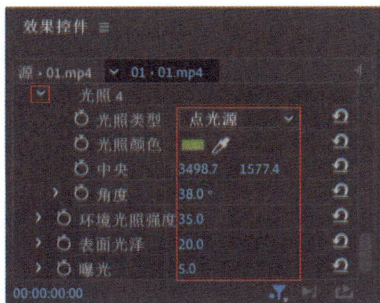

图4-46

步骤/12　此时，本案例制作完成，滑动时间线时呈现结构画面效果如图4-47所示。

图4-47

4.5 实操：使用抠像技术将多个图像合成为一个流畅运动的复合背景

4.5.1　设计思路

案例类型：

本案例是一部以纪实风格、情感叙述和拼贴艺术多种元素融为一体的短视频项目，如图4-48所示。

图4-48

项目诉求：

本项目旨在通过一段温馨且富有故事感的视频内容，传达自然之美与个人内心平和的和谐共存。视频聚焦于一位金发女性在户外的优雅姿态，通过细腻的画面表现与情感传达，激发观众对自然生活的向往与追求。项目旨在打造一个能够触动人心、传递正能量的视频作品，让观众在繁忙的生活中寻找一种自由与宁静。

设计定位：

为了打造一部集视觉美感、情感共鸣与文化传播于一体的情感类作品。在视觉上，我们将注重画面的构图与色彩搭配，力求每一帧都能成为一幅精美的画面，让观众在欣赏美景的同时，也能感受到色彩的温度与情感的流动。在情感表达上，通过人物的表情、动作以及周围的环境氛围，将观众带入一个充满情感张力的世界。

4.5.2　配色方案

本案例以蓝色为主色，灰色为辅助色，而点缀色则选用了植物的淡粉色，以强调自然元素与女性柔美特质的和谐共存。这样的配色不仅保持了画面的宁静与深远，还通过淡粉色的点缀，增添了生机与温馨感。

主色：

蓝色作为主色，可以代表金发女性所处的自然环境，如远处的天空或清澈的湖泊。它能够为画面营造出一种宽阔、深远和平静的氛围。本案例的主色示例如图4-49所示。

图4-49

辅助色：

灰色作为辅助色，能够平衡蓝色带来的冷感，为画面增添一份稳重与内敛。它可以用于描绘背景中的阴影、远处的山脉轮廓或是天空中云层的边缘，使画面更加立体和丰富。辅助色和主色的对比如图4-50所示。

图4-50

点缀色：

淡粉色来源于自然界中的植物，如某些花卉或果实所呈现的颜色。它温柔而细腻，能够为画面增添一抹生机与柔美。加上点缀色的示例如图4-51所示。

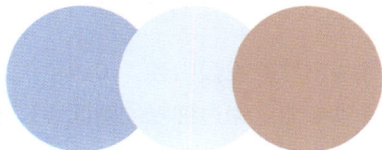

图4-51

4.5.3　项目实战

步骤/01　首先在软件中新建一个项目和序列。接着在菜单栏中选择【文件】|【导入】命令，在弹出的【导入】对话框（图4-52）中导入全部素材。

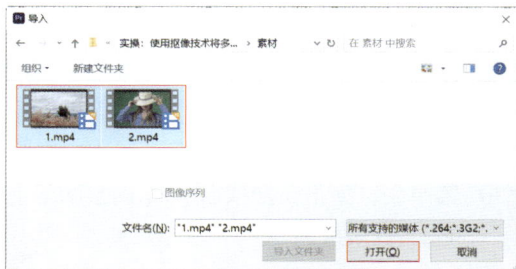

图4-52

步骤/02　将【项目】面板中的"1.mp4"素材拖曳到【时间轴】面板中，如图4-53所示。

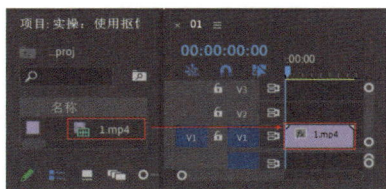

图4-53

步骤/03　在弹出的【剪辑不匹配警告】对话框中单击【保持现有设置】按钮，如图4-54所示。

图4-54

步骤/04　此时，画面效果如图4-55所示。

图4-55

步骤/05　选中V1轨道的"1.mp4"素材，在【效果控件】面板中展开【运动】卷展栏，设置【缩放】为200.0，如图4-56所示。

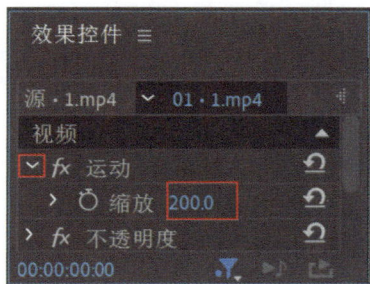

图4-56

步骤/06　将时间线滑动至16秒位置处，使用快捷键Ctrl+K将素材进行剪辑分割，然后选中时间线后方的素材，按Delete键进行删除，如图4-57所示。

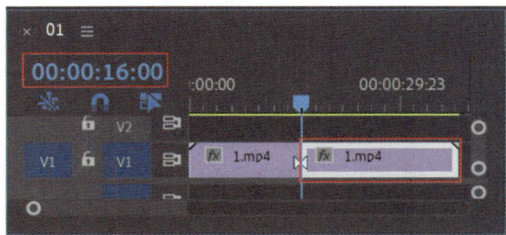

图4-57

步骤/07　此时，画面效果如图4-58所示。

图4-58

步骤/08　将【项目】面板中的"1.mp4"素材拖曳到【时间轴】面板中的V2轨道上，并设置结束时间为16秒，如图4-59所示。

图4-59

步骤/09 在【效果】面板中搜索【超级键】效果，并将该效果拖曳到V2轨道"2.mp4"素材上，如图4-60所示。

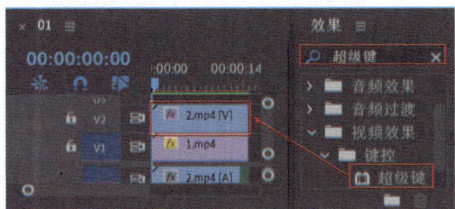
图4-60

步骤/10 选中V2轨道的"2.mp4"素材，在【效果控件】面板中展开【超级键】效果，单击【主要颜色】后方的吸管图标，然后在【节目监视器】面板中人物背景上单击并吸取背景颜色，接着展开【遮罩清除】卷展栏，设置【抑制】为60.0，如图4-61所示。

图4-61

步骤/11 此时，画面效果如图4-62所示。

图4-62

步骤/12 在【项目】面板中的空白位置处按下鼠标右键（也可简称为"右击"），在弹出的快捷菜单中选择【新建项目】|【调整图层】命令，如图4-63所示。

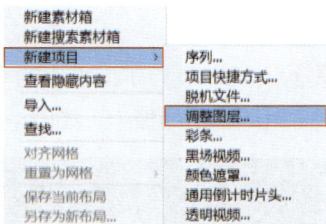
图4-63

步骤/13 将【项目】面板中的【调整图层】拖曳到【时间轴】面板中的V3轨道上，并设置结束时间为16秒，如图4-64所示。

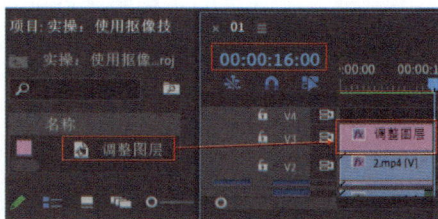
图4-64

步骤/14 在【效果】面板中搜索【RGB曲线】效果，并将该效果拖曳到V3轨道调整图层上，如图4-65所示。

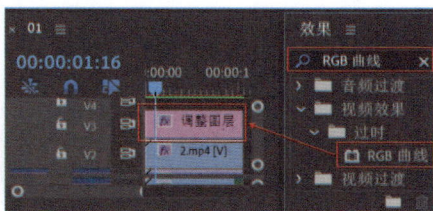
图4-65

步骤/15 选中V3轨道的调整图层，在【效果控件】面板中展开【RGB 曲线】效果，然后在【主要】和【红色】通道中添加锚点，并拖动锚点调整曲线的形状，如图4-66所示。

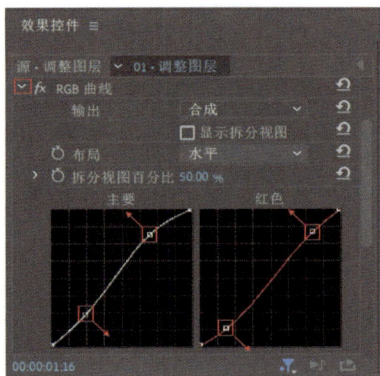

图4-66

步骤/16 此时，画面效果如图4-67所示。

图4-67

步骤/17 此时，本案例制作完成，滑动时间线时呈现的画面效果如图4-68所示。

图4-68

4.6 实操：使用"马赛克"效果制作独特的色彩块拼接背景

4.6.1 设计思路

案例类型：

本案例是一个现代网页设计布局与交互优化设计项目，如图4-69所示。

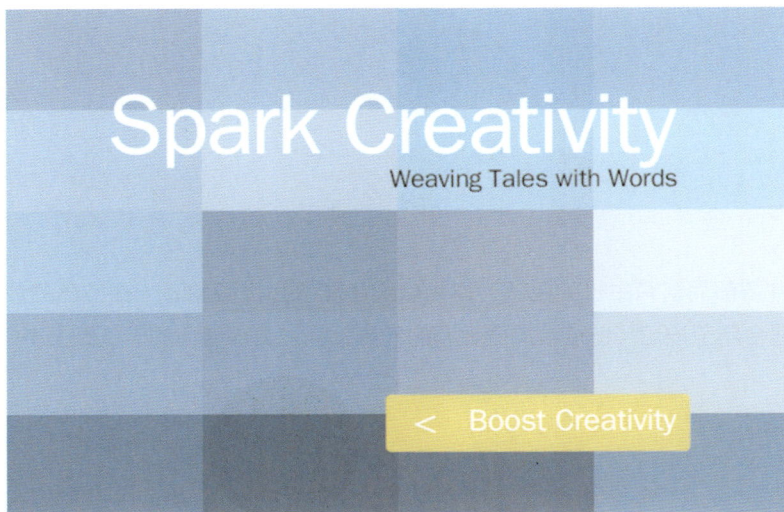

图4-69

项目诉求：

本项目旨在设计并开发一个具有现代感、用户友好的网页界面。通过优化布局和增强交互体验，我们可以提升用户满意度和页面停留时间。项目将利用最新的网页设计技术和设计理念，结合对用户行为研究和市场趋势分析，打造出一个既美观又实用的网页平台。

设计定位：

本项目将围绕现代网页设计布局与交互优化展开，通过精准的设计定位和合理的诉求规划，打造出一个既美观又实用的网页平台。

4.6.2 配色方案

为了营造出专业稳重的氛围，以蓝色为主色调，白色作为辅助色，增强了页面的清晰度和可读性；而深绿色作为点缀色，则为页面带来了生机与活力。整体配色既和谐又富有层次感，能够有效地吸引用户的视线和注意力。

主色：

蓝色是一种深邃而沉稳的颜色，作为主色能够传达出专业、稳重和信任的感觉。它适合用于页面的主要背景、标题或重要元素的背景。本案例的主色示例如图4-70所示。

图4-70

辅助色：

白色作为辅助色，能够营造出简洁、清新的视觉效果。它与深邃蓝形成鲜明的对比，使得页面信息更加清晰、易读。白色适用于文本、图标和较轻的边框等元素。辅助色和主色的对比如图4-71所示。

图4-71

点缀色：

深绿色是一种浓郁而富有生机的色调，作为点缀色能够为页面增添一抹自然的色彩，同时吸引用户的注意力。它适合用于按钮、链接或需要强调的元素上。加上点缀色的示例如图4-72所示。

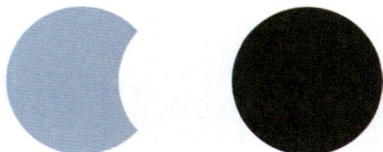

图4-72

4.6.3 项目实战

步骤/01 首先在软件中新建一个项目。接着在菜单栏中选择【文件】|【导入】命令,在弹出的【导入】对话框(见图4-73)中导入全部素材。

图4-73

步骤/02 将【项目】面板中的"1.png"素材拖曳到【时间轴】面板中,如图4-74所示。此时在【项目】面板中自动生成一个与素材等大的序列。

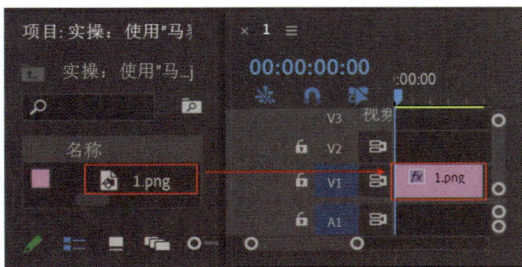

图4-74

步骤/03 此时,画面效果如图4-75所示。

图4-75

步骤/04 在【效果】面板中搜索【马赛克】效果,并将该效果拖曳到V1轨道的"1.png"素材上,如图4-76所示。

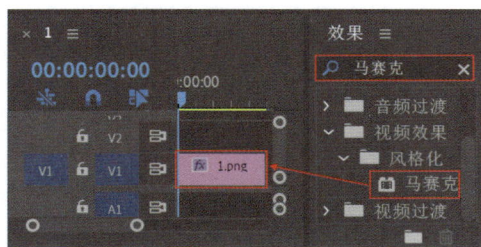

图4-76

步骤/05 选中V1轨道的"1.png"素材,在【效果控件】面板中展开【马赛克】卷展栏,设置【水平块】为4,【垂直块】为5,如图4-77所示。

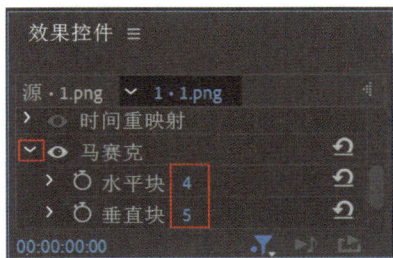

图4-77

步骤/06 此时,画面效果如图4-78所示。

图4-78

步骤/07 将【项目】面板中的"2.png"素材拖曳到V2轨道上,如图4-79所示。

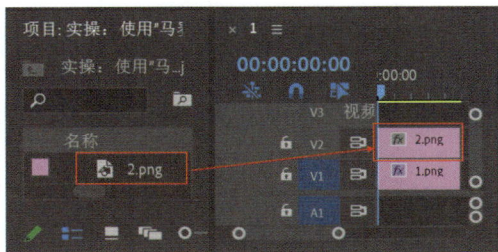

图4-79

步骤/08 选中V2轨道的"2.png"素材，在【效果控件】面板中展开【运动】卷展栏，设置【缩放】为90.0，如图4-80所示。

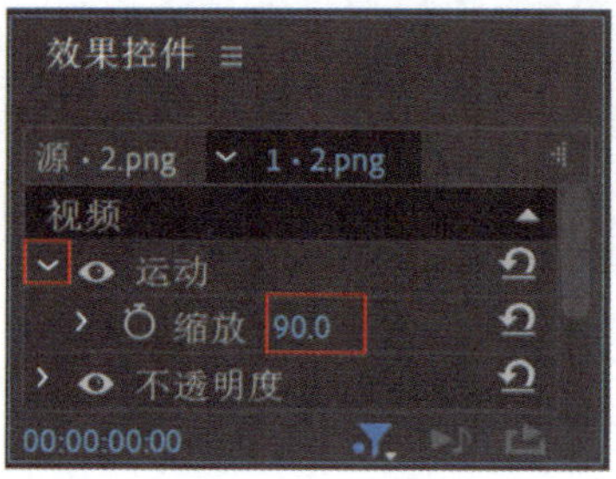

图4-80

步骤/09 此时，本案例制作完成，滑动时间线时呈现的画面效果如图4-81所示。

图4-81

读书笔记

第 5 章

视频动画

视频动画是一种融合了视觉艺术与叙事技巧的动态影像形式，Premiere Pro可以将静态画面转化为生动、富有表现力的动态故事。它利用手绘、计算机图形技术等多种手段，创造出丰富多样的动画效果，不仅增添了视频的趣味性和观赏性，还深化了内容的传达与情感的表达。无论是商业广告、动画短片还是影视后期处理，视频动画都以其独特的魅力，为观众带来视觉与心灵的双重享受。本章介绍了Premiere Pro，它以其直观的操作界面、丰富的特效库和强大的动画编辑功能，让视频动画的创作变得既高效又充满乐趣。

5.1 认识动画

动画是通过连续播放一系列静态图像（帧），使这些图像在视觉上形式动态效果的艺术形式。这些图像通常是以每秒一定的速度快速切换，从而在观看者的眼中形成连续的动作以及场景。动画可以是手绘的、计算机生成的。它在电影、电视、广告、游戏和互联网等多个领域都有广泛的应用。

5.1.1 关键帧动画

关键帧动画是一种动画制作技术，通过选取动画序列中的重要时间点定义物体的属性（如位置、大小等），然后由计算机自动计算并生成中间帧，从而创建出流畅的动画效果。它广泛应用于游戏开发、电影制作、广告制作等领域，能够准确表达物体的运动轨迹和形态变化。关键帧动画示例如图5-1~图5-3所示。

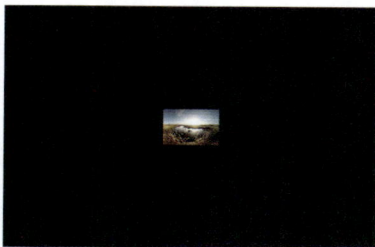

图5-1

图5-2

图5-3

5.1.2 动画预设

动画预设是预先设计好的动画效果模板，涵盖文字、转场和图形等多个方面，可直接应用到项目中，可以快速实现专业且一致的动画效果，提升视频制作效率。应根据实际需求调整预设参数，以达到最佳效果。通过合理使用动画预设，可以制作出富有创意和专业水准的视频作品。动画预设示例如图5-4所示。

图5-4

5.2 动画类型

在Premiere Pro中通过关键帧技术、过渡效果、内置插件及第三方插件等方式实现动画制作，为视频创作者提供了丰富的创意工具，使其能够创作出更具视觉吸引力和动态感的视频作品。在Premiere Pro中，动画类型主要分为图形动画、文字动画、图像动画和视频动画。

5.2.1 图形动画

图形动画涉及形状、线条、颜色块等图形元素的动态变化，常用于制作标题、图标和其他视觉元素的动画效果。图形动画示例如图5-5所示。

图5-5

5.2.2 文字动画

文字动画通过文字逐字显示、滚动、淡入淡出等方式，增强字幕、标题或广告中文字的表达力和吸引力。文字动画示例如图5-6所示。

图5-6

5.2.3 图像动画

图像动画是对静态图像进行缩放、旋转、移动等动态处理，使其在视频中呈现出动态效果，常用于图片展示或轮播。图像动画示例如图5-7所示。

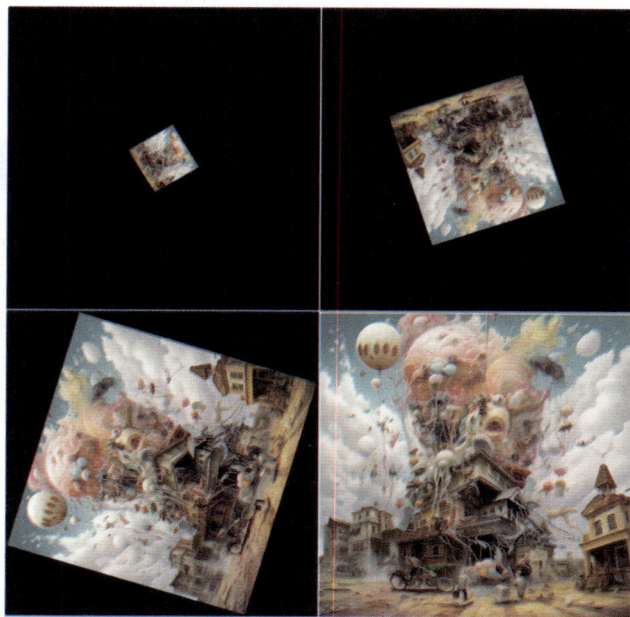

图5-7

5.2.4 视频动画

视频动画包括视频片段之间的过渡动画（如淡入淡出、滑动等）和视频片段内部的动态效果（如速度变化、时间扭曲等），用于提升视频整体的流畅度和视觉冲击力。视频动画示例如图5-8所示。

图5-8

5.3 实操：制作快速滑动转场效果

5.3.1 设计思路

案例类型：

本案例是一个热气球飞行的梦幻之旅多媒体的设计项目，如图5-9所示。

图5-9

项目诉求：

本项目通过多媒体手段展示热气球的独特魅力和无限可能，旨在激发观众对热气球旅行的向往和兴趣。通过精选与编辑的高质量热气球飞行照片，结合视频短片、音效配乐及互动体验环节，全方位打造一场视觉感官的盛宴。同时，项目还寻求与热气球旅游公司、节庆活动组织者的合作，共同推广热气球旅行文化，提升项目的知名度和影响力。

设计定位：

本项目聚焦于热爱旅行、追求独特体验的受众，特别是热气球旅行爱好者。采用现代梦幻风格，通过色彩鲜明的视觉设计，营造浪漫与冒险的旅行氛围。在内容方面，项目结合了丰富的图片、视频、音效及互动体验，打造多维度的展示形式，提升观众的参与感和沉浸感。同时，也致力于传播热气球旅行文化，提升市场认知度，实现社会与商业价值的双重目标。

5.3.2 配色方案

本案例融合了纪实与浪漫，展现了热气球在多样环境下的飞行，色彩丰富和谐，构图层次分明，且透露出节日氛围，成功传达了热气球旅行的独特魅力。

主色：

蓝色作为主色，能够很好地捕捉到图片中热气球在广阔天空中自由飞翔。蓝色代表清新、宁静与无限可能，与热气球飞行的背景相得益彰。本案例的主色示例如图5-10所示。

图5-10

辅助色：

金色作为辅助色能够突显热气球在阳光照耀下的温暖与辉煌。金色不仅与热气球常见的金属质感相呼应，还能为画面增添一份豪华与庄重。辅助色和主色的对比如图5-11所示。

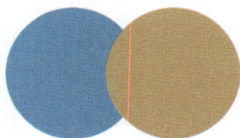

图5-11

点缀色：

橙红作为点缀色既保留了红色的热情与活力，又增加了一丝橙色的温暖与明亮；能够在整个配色方案中起到画龙点睛的作用，吸引观众的视线。加上点缀色的示例如图5-12所示。

图5-12

5.3.3　项目实战

步骤/01　首先在软件中新建一个项目。接着在菜单栏中选择【文件】|【导入】命令，在弹出的【导入】对话框（见图5-13）中导入全部素材。

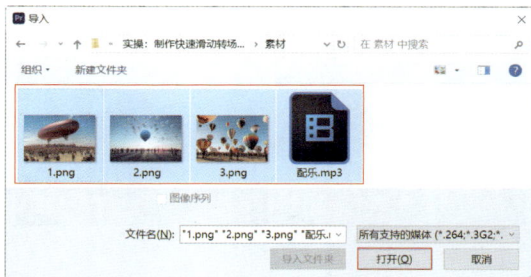

图5-13

步骤/02　将【项目】面板中的"1.png"素材拖曳到【时间轴】面板中，如图5-14所示。此时，在【项目】面板中自动生成一个与素材等大的序列。

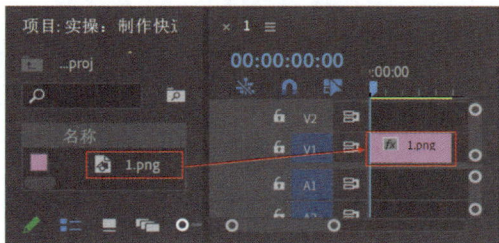

图5-14

步骤/03　此时，画面效果如图5-15所示。

图5-15

步骤/04　将【项目】面板中的"2.png"和"3.png"素材拖曳到V1轨道上"1.png"素材的后方，如图5-16所示。

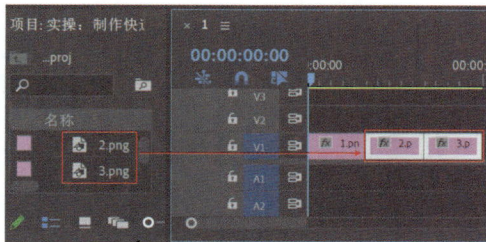

图5-16

步骤/05　在【时间轴】面板中，选中V1轨道的所有素材，右击并在弹出的快捷菜单中选择【速度/持续时间】命令，如图5-17所示。

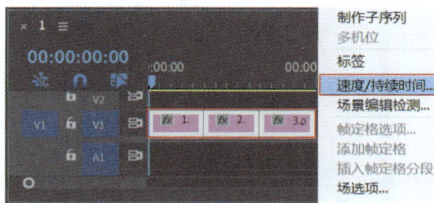

图5-17

步骤/06　在弹出的【剪辑速度/持续时间】窗口中，设置【持续时间】为2秒，接着选中【波纹编辑，移动尾部剪辑】复选框，然后单击【确定】按钮，如图5-18所示。

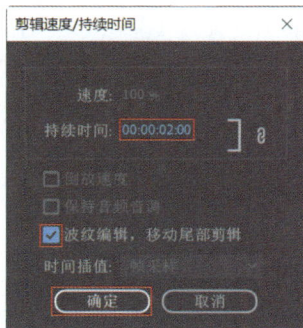

图5-18

步骤/07　此时，滑动时间线时呈现的画面效果如图5-19所示。

图5-19

步骤/08　在【效果】面板中搜索【方向模

糊】效果，并将该效果拖曳到V1轨道"1.png"素材上，如图5-20所示。

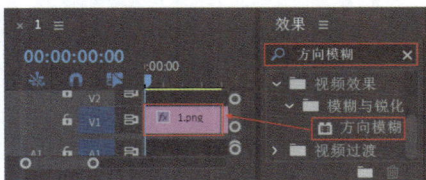

图5-20

步骤/09 选中V1轨道的"1.png"素材，将时间线滑动至起始位置，在【效果控件】面板中展开【方向模糊】卷展栏，单击【模糊长度】前方的 （切换动画）按钮，设置【模糊长度】为0.0，将时间线滑动至8帧位置处，设置【模糊长度】为200.0，将时间线滑动至9帧位置处，设置【模糊长度】为50.0，将时间线滑动至10帧位置处，设置【模糊长度】为30.0，将时间线滑动至11帧位置处，设置【模糊长度】为0.0，将时间线滑动至12帧位置处，设置【模糊长度】为20.0，将时间线滑动至14帧位置处，设置【方向】为60.0°，接着设置【模糊长度】为0.0，如图5-21所示。

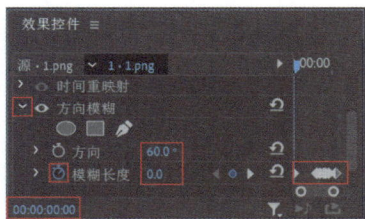

图5-21

步骤/10 在【效果控件】面板中选中【方向模糊】效果的所有关键帧，然后按下鼠标右键，在弹出的快捷菜单中选择【连续贝塞尔曲线】命令，如图5-22所示。

图5-22

步骤/11 此时，滑动时间线时呈现的画面效果如图5-23所示。

图5-23

步骤/12 选中V1轨道的"1.png"素材，在【效果控件】面板中选中【方向模糊】效果，使用快捷键Ctrl+C，进行复制，如图5-24所示。

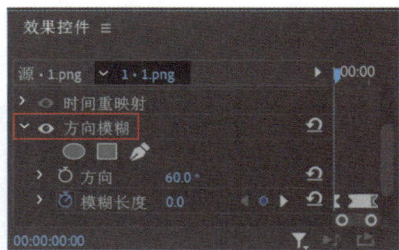

图5-24

步骤/13 接着选中V1轨道的"2.png"素材，在【效果控件】面板中选中【方向模糊】效果，使用快捷键Ctrl+V，进行粘贴，将该效果复制一份，接着设置【方向】为0.0，如图5-25所示。

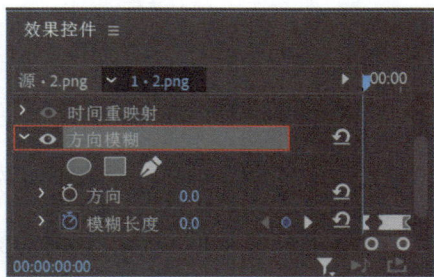

图5-25

步骤/14 继续使用同样方法为"3.png"素材复制【方向模糊】效果，此时，滑动时间线时呈现的画面效果如图5-26所示。

图5-26

步骤/15　将【项目】面板中的配乐素材拖曳到A1轨道上，如图5-27所示。

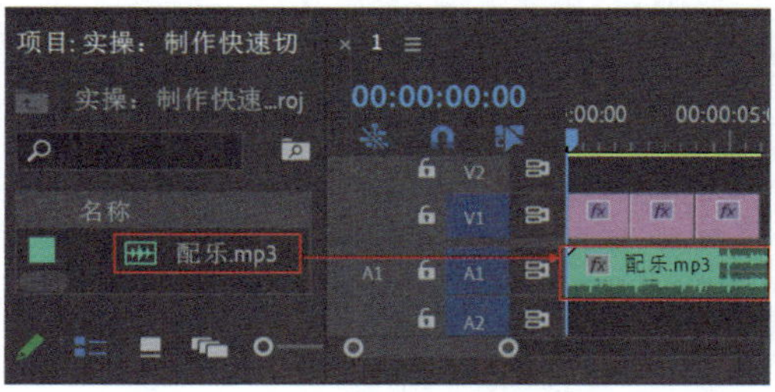

图5-27

步骤/16　将时间线滑动至6秒位置处，使

用快捷键Ctrl+K将素材进行剪辑分割，如图5-28所示。接着选中时间线后方的素材，按Delete键删除。

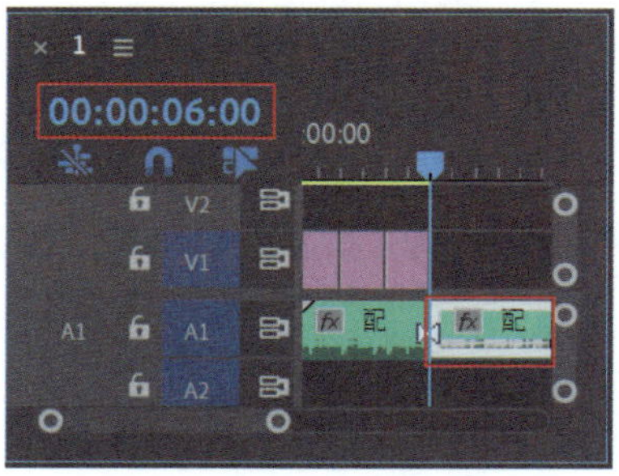

图5-28

步骤/17　此时，本案例制作完成，滑动时间线时呈现的画面效果如图5-29所示。

图5-29

读书笔记

5.4 实操：制作相机快照特效

5.4.1 设计思路

案例类型：

本案例是一个梦想之旅的设计项目，如图5-30所示。

图5-30

项目诉求：

为了激发并满足假日旅行者的探索欲望与休闲需求，通过挖掘并呈现世界各地的独特风光、文化体验与休闲方式，为旅行者提供一站式、个性化的旅行方案。通过高品质的视觉设计与创意内容，可以触动旅行者的心灵，激发他们对未知世界的向往，并助力他们规划出既符合个人兴趣又充满意义的假日旅程。

设计定位：

为追求品质生活，热爱探索与放松的假日旅行者打造全方位、沉浸式的旅行体验。通过温馨、明快的设计风格，融合自然风光、人文景观与特色美食元素，营造愉悦、轻松的旅行氛围，同时提供实用的旅行攻略与故事分享，激发旅行者的探索欲望，促进旅行社区的交流与互动。

5.4.2 配色方案

本案例以蓝色为主色，绿色为辅助色，红色为点缀色，并辅以天空蓝和白色作为补充，共同营造出一个清新、自然、欢快且充满假日氛围的视觉体验。该配色既体现了旅行的奢华与高雅，又不失清新与活力，能够很好地吸引旅行爱好者的关注并激发他们的探索欲望。

主色：

蓝色作为主色，能够营造出清新、宁静的氛围。它与图片中的蓝天、白云和草地相得益彰，同时也符合"美好假期"主题中轻松、自由的感觉。本案例的主色示例如图5-31所示。

图5-31

辅助色：

绿色作为辅助色，与蓝色形成鲜明对比，为整个设计注入生机与活力。绿色能够让人联想到茂盛的森林，新鲜的草地以及大自然的勃勃生机，非常适合与蓝色搭配，共同营造出清新自然的氛围。辅助色和主色的对比如图5-32所示。

图5-32

点缀色：

红色作为点缀色，能够在画面中形成鲜明的焦点，吸引观者的注意力，同时增添节日欢快的氛围。由于红色在画面中面积相对较小，因此可以选择鲜艳、充满活力的红色调。加上点缀色的示例如图5-33所示。

图5-33

5.4.3　项目实战

步骤／01　选择【文件】|【导入】命令，在弹出的【导入】对话框（见图5-34）中导入全部素材。

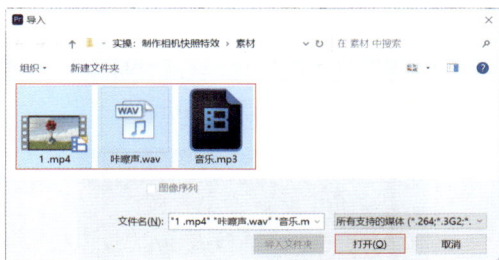

图5-34

步骤／02　将【项目】面板中的"1.mp4"素材拖曳到【时间轴】面板中，如图5-35所示。此时，在【项目】面板中自动生成一个与素材等大的序列。

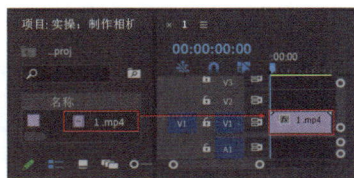

图5-35

步骤／03　此时，画面效果如图5-36所示。

图5-36

步骤／04　在【时间轴】面板中将V1轨道"1.mp4"素材拖曳到V2轨道上，接着将时间线滑动至4秒位置处，选中V2轨道的"1.mp4"素材，右击并在弹出的快捷菜单中选择【添加帧定格】命令，如图5-37所示。

图5-37

步骤／05　将时间线滑动至4秒位置，在

【时间轴】面板中选中V2轨道的"1.mp4"素材，按住Alt键的同时按住鼠标左键向V1轨道拖动，将其复制一份，如图5-38所示。

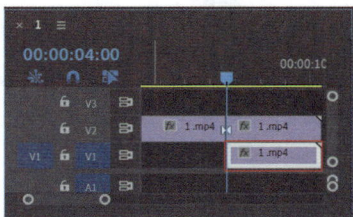

图5-38

步骤/06 在【效果】面板中搜索【高斯模糊】效果，并将该效果拖曳到V1轨道的"1.mp4"素材上，如图5-39所示。

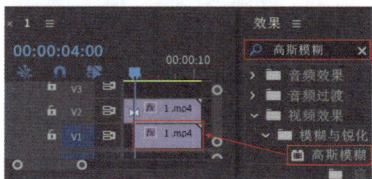

图5-39

步骤/07 选择V1轨道的"1.mp4"素材，在【效果控件】面板中展开【高斯模糊】效果，设置【模糊度】为100.0，如图5-40所示。

图5-40

步骤/08 隐藏V2轨道的"1.mp4"素材。此时，画面效果如图5-41所示。

图5-41

步骤/09 在【效果】面板中搜索【变换】效果，并将该效果拖曳到V2轨道的4秒后方的"1.mp4"素材上，如图5-42所示。

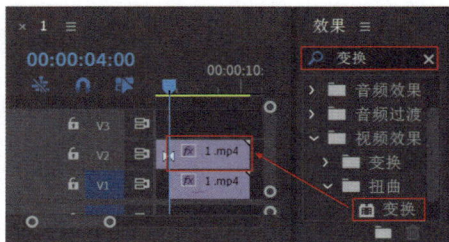

图5-42

步骤/10 选择V2轨道4秒后方的"1.mp4"素材，在【效果控件】面板中展开【变换】效果，选中【等比缩放】复选框，接着将时间线滑动至4秒位置，单击【缩放】和【旋转】前方的（切换动画）按钮，设置【缩放】为100.0，【旋转】为0.0，将时间线滑动至5秒25帧位置处，设置【缩放】为50.0，【旋转】为15.0°，如图5-43所示。

图5-43

步骤/11 在【效果】面板中搜索【油漆桶】效果，并将该效果拖曳到V2轨道的4秒后方的"1.mp4"素材上，如图5-44所示。

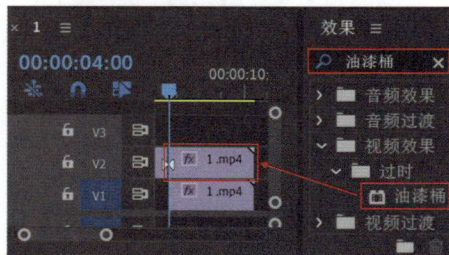

图5-44

步骤/12 选择 V 2 轨 道 4 秒 后 方 的 "1.mp4" 素材，在【效果控件】面板中展开【油漆桶】效果，设置【填充选择器】为不透明度，【描边】为描边，【描边宽度】为10.0，【颜色】为白色，如图5-45所示。

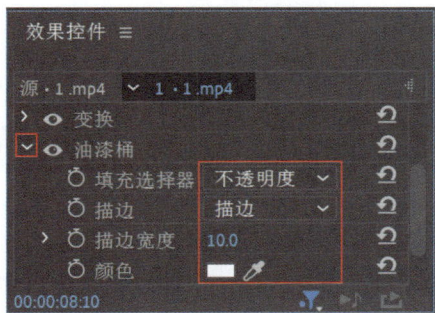

图5-45

步骤/13 此时，滑动时间线时呈现的画面效果如图5-46所示。

图5-46

步骤/14 在【效果】面板中搜索【白场过渡】效果，并将该效果拖曳到V1轨道4秒位置处，如图5-47所示。

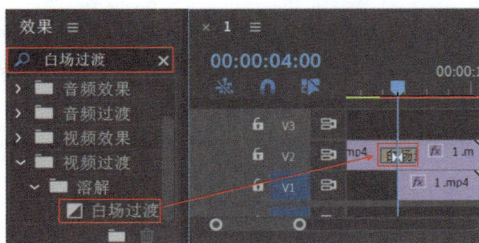

图5-47

步骤/15 选中【白场过渡】效果，在【效果控件】面板中设置【持续时间】为10帧，如图5-48所示。

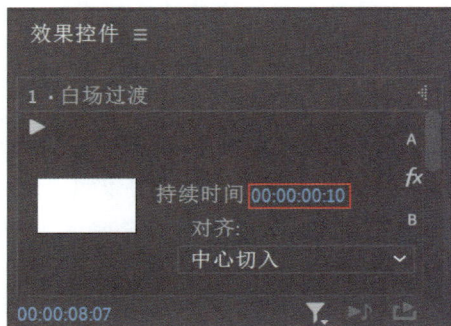

图5-48

步骤/16 将时间线滑动至10帧位置，单击【工具】面板中的 T（文字工具）按钮，然后在【节目监视器】面板底部合适位置单击输入文字，如图5-49所示。

图5-49

步骤/17 将时间滑动至2秒位置处，设置V3轨道文字层的结束时间为2秒，如图5-50所示。

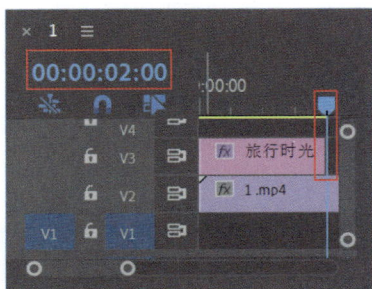

图5-50

步骤/18 选中 V3轨道的文字图层，在【效果控件】面板中展开【文本/源文本】卷展栏，设置合适的字体系列和字体样式，设置【字体大小】为500，单击【仿粗体】按钮，设置【填充颜色】为白色，选中【阴影】复选框，设置【阴影颜色】为深灰色，【不透明度】为75%，【角度】为135°，【距离】为15.0，【大小】为10.0，【模糊】为40，接着展开【变换】卷展栏，设置【位置】为（999.8，1147.5），如图5-51所示。

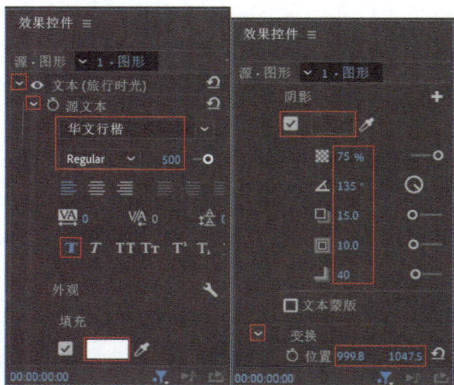

图5-51

步骤／19 此时，画面效果如图5-52所示。

图5-52

步骤／20 将时间线滑动至起始位置处，在【效果】面板中搜索【快速模糊入点】效果，并将该效果拖到的V3轨道文字图层上，如图5-53所示。

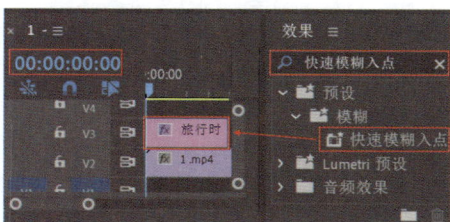

图5-53

步骤／21 此时，滑动时间线时呈现的画面效果如图5-54所示。

图5-54

步骤／22 将时间线滑动至3秒20帧位置处，将【项目】面板中的"咔嚓声"素材拖曳到A1轨道7秒25帧位置处，如图5-55所示。

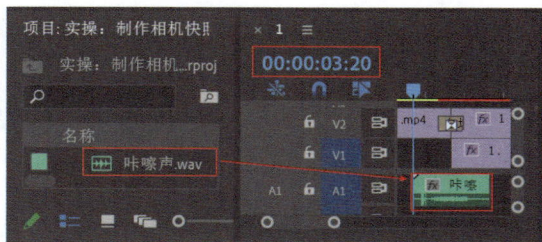

图5-55

步骤／23 将时间线滑动至起始位置处，将【项目】面板中的"咔嚓声"素材拖曳到A2轨道上，如图5-56所示。

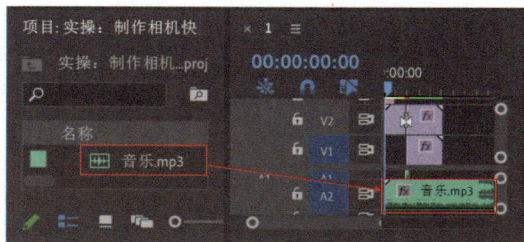

图5-56

步骤／24 将时间线滑动至10秒07帧位置处，使用快捷键Ctrl+K将素材进行剪辑分割，如图5-57所示。接着选中时间线后方的素材，按Delete键删除。

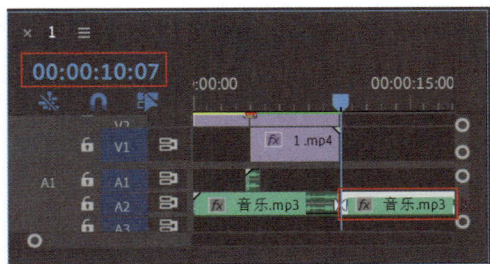

图5-57

图5-58

步骤/25 此时，本案例制作完成，滑动时间线时呈现的画面效果如图5-58所示。

🍎 **读书笔记**

第 6 章

为视频添加文字

在视频创作中，文字不仅是信息传递的媒介，更是情感表达、氛围营造与视觉风格塑造的重要元素。通过精心设计的文字，可以显著提升影片的叙事能力、观众体验及艺术美感。本章旨在深入探讨影视后期中文字的理论基础、设计原则及其动态效果。通过对相关项目的分析和实战操作，帮助读者掌握如何有效地运用文字，提高视频创作的视觉和情感表现力。

6.1 认识文字

视频中的文字不仅能传递信息，还能增强视觉效果和情感表达。通过动态效果和创意字体，文字能有效吸引观众并提升内容的趣味性。

6.1.1　文字在视频中的作用

文字在视频中不仅帮助观众理解关键信息，还能通过标题、字幕和说明增强故事的表达。视频中的文字示例如图6-1和图6-2所示。

图6-1

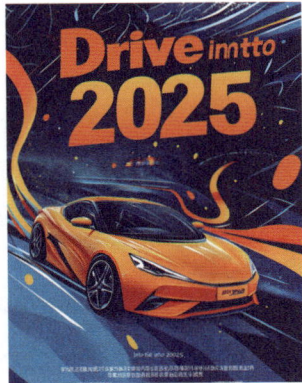

图6-2

传达信息：文字可以清晰地传达重要信息，如标题、字幕和说明，帮助观众理解视频内容。

补充画面：它补充了画面中的信息，增强了叙事效果，使视频内容更全面。

突出重点：通过文字，可以突出视频中的关键点和重要场景，确保观众注意到核心内容。

增强视觉吸引力：设计独特的文字风格和动画可提升视频的视觉效果，增加观众的观看兴趣。

创建品牌形象：文字的风格和设计可以帮助建立视频的品牌个性，强化品牌记忆性。

6.1.2　文字的设计原则

设计文字时应确保其风格与视频内容一致，同时注意文字的可读性和视觉效果。视频中文字设计示例如图6-3和图6-4所示。

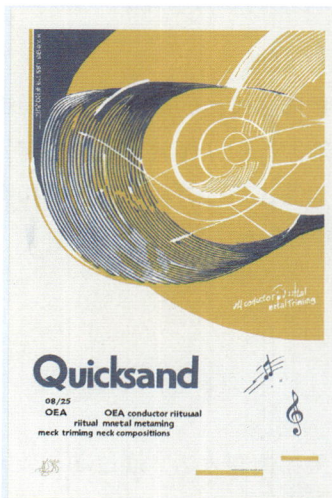

图6-3

图6-4

可读性：选择清晰、易读的字体和适当的文字大小，确保观众可以轻松阅读文字。

一致性：文字风格应与视频的整体风格和主题相匹配，保持视觉上的一致性。

可见性：确保文字颜色与背景之间有足够的对比度，以增强可见性。

简洁性：保持文字布局和动画的简洁，避免过度装饰，以免分散观众注意力。

功能性：文字的设计应服务于视频的叙事和信息传达，不仅美观，还要实用。

6.1.3　文字动态效果

文字动态效果是指利用动画技术和视觉效果，使文字在视频中呈现出动态变化，增强视频的吸引力和视觉冲击力，提升视频的整体表现力和创意水平。

1. 预设动画

通过软件中提供的动画预设来创建动态效果。可以让视频素材中的文字产生运动效果，增强视频的动态感和视觉冲击力。预设动画示例如图6-5所示。

图6-5

2. 关键帧动画

关键帧动画是一种通过为文本属性在动画时间轴上设置关键帧，并利用这些关键帧之间的插值处理实现平滑过渡效果的动画技术，这种技术可以使文字更加醒目和富有视觉冲击力。关键帧动画示例如图6-6所示。

图6-6

3. 文字与画面的融合

文字与画面的融合是通过对文字的位置、大小、透明度等属性的调整，以及使用遮罩、叠加等技巧来增强视觉效果，如图6-7所示。

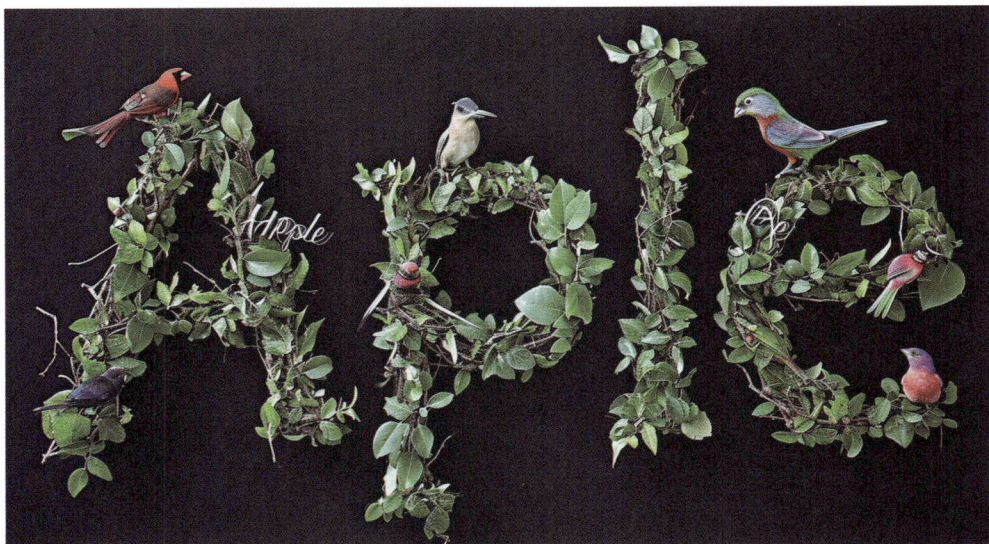

图6-7

6.2 实操：制作游走字幕

6.2.1 设计思路

案例类型：

本案例是一个摄影灵感分享系列视觉项目，如图6-8所示。

图6-8

项目诉求：

本项目旨在深入挖掘并呈现摄影艺术与生活美学的交汇之美，力求通过精湛的摄影技巧与闪耀的创意火花，以细腻的镜头语言捕捉并讲述生活中那些转瞬即逝却直击心灵的珍贵瞬间及其蕴含的真挚情感。我们渴望构建一座心灵之桥，让作品成为触动观众情感的媒介，激发他们对生活点滴的热爱与记录生活的欲望，共同守护并传承那些稍纵即逝却又永恒璀璨的美好记忆。

设计定位：

本案例聚焦于打造一款温馨文艺的摄影主题文化宣传作品，旨在捕捉不同场景下的摄影瞬间，结合清新自然的色彩搭配与简洁有力的文字说明，传达摄影的魅力与生活的美好，引发观众的情感共鸣和记录欲望，同时面向摄影爱好者及追求生活品质的年轻人群体，展现摄影作为一种文化、一种生活态度的独特价值。

6.2.2 配色方案

本案例以蓝色为主色调，象征宁静与深远；棕色作为辅助色，增添温暖与自然的感觉；白色作为点缀色，提升整体的明亮度和清晰度。通过色彩的合理搭配，营造出一种温馨而又不失高雅的视觉氛围。

主色：

蓝作为主色，不仅与图片中的蓝天相呼应，营造出宁静、深远且富有希望的氛围。蓝色通常与广阔的天空、深邃的海洋相关联，适合营造一种深远的视觉效果。本案例的主色示例如图6-9所示。

图6-9

辅助色：

棕色作为辅助色，可以从自然元素（如树干、土壤或木质结构）中提取。它与蓝色形成很好的对比，增加了画面的温暖感和稳定性，同时也给人一种自然、质朴的感觉。辅助色和主色的对比如图6-10所示。

图6-10

点缀色：

白色作为点缀色，能够提亮整个画面，增加清晰度和空间感。它可以用于高光部分、文字说明或细节装饰，使画面更加明亮、干净，并与蓝色和棕色形成鲜明的对比，增强视觉吸引力。加上点缀色的示例如图6-11所示。

图6-11

6.2.3　项目实战

步骤/01　首先在软件中新建一个项目。接着在菜单栏中选择【文件】|【导入】命令，在弹出的【导入】对话框（见图6-12）中导入全部素材。

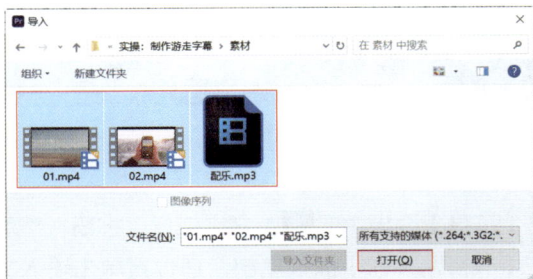

图6-12

步骤/02　将【项目】面板中的"1.mp4"素材拖曳到【时间轴】面板中，如图6-13所示。

图6-13

步骤/03　在弹出的【剪辑不匹配警告】对话框中单击【保持现有设置】按钮，如图6-14所示。

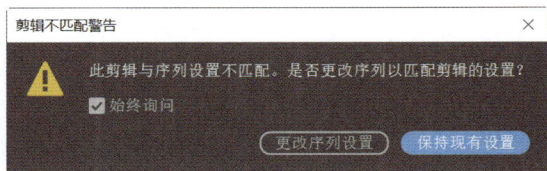

图6-14

步骤/04 此时，画面效果如图6-15所示。

图6-15

步骤/05 将时间线滑动至4秒位置处，使用快捷键Ctrl+K将素材进行剪辑分割，然后选中时间线后方的素材，按Delete键进行删除，如图6-16所示。

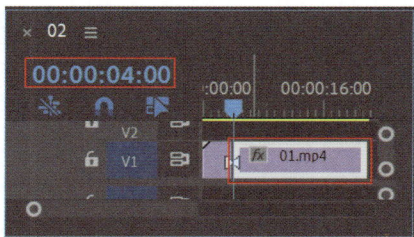

图6-16

步骤/06 选中V1轨道的"1.mp4"素材，在【效果控件】面板中展开【运动】卷展栏，设置【缩放】为75.0，如图6-17所示。

图6-17

步骤/07 此时，画面效果如图6-18所示。

图6-18

步骤/08 将时间线滑动至8秒位置处，将【项目】面板中的"2.mp4"素材拖曳到V1轨道上"1.mp4"素材的后方，并设置结束时间为8秒，如图6-19所示。

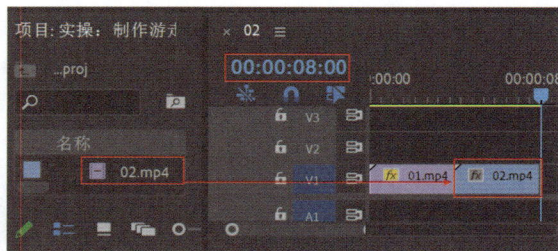

图6-19

步骤/09 此时，滑动时间线时呈现的画面效果如图6-20所示。

图6-20

步骤/10 将时间线滑动至起始位置，单击【工具】面板中的 T（文字工具）按钮，然后在【节目监视器】面板底部合适位置单击输入文字，如图6-21所示。

图6-21

步骤/11　将时间线滑动至4秒位置处，设置V2轨道文字图层的结束时间为4秒，如图6-22所示。

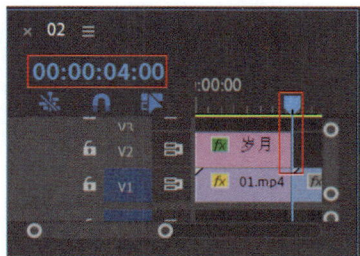

图6-22

步骤/12　选中V2轨道的文字图层，在【效果控件】面板中展开【文本/源文本】卷展栏，设置合适的字体系列和字体样式，设置【字体大小】为60，【填充颜色】为白色，接着展开【变换】卷展栏，设置【位置】为（553.0,1014.0），如图6-23所示。

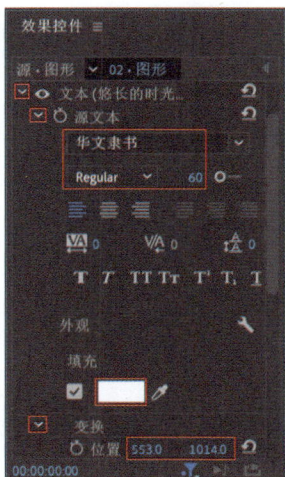

图6-23

步骤/13　此时，画面效果如图6-24所示。

图6-24

步骤/14　选择V1轨道的"1.mp4"素材，在【效果控件】面板中展开【矢量运动】卷展栏，接着将时间线滑动至起始位置，单击【位置】前方的 （切换动画）按钮，设置【位置】为（-680.0,540.0），将时间线滑动至3秒位置处，设置【位置】为（960.0,540.0），如图6-25所示。

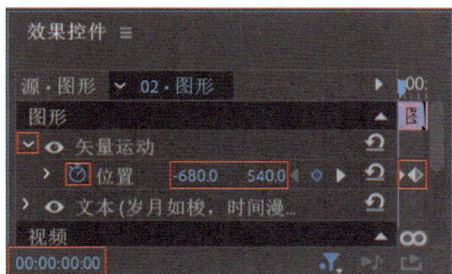

图6-25

步骤/15　此时，滑动时间线时呈现的画面效果如图6-26所示。

图6-26

步骤/16　将时间线滑动至4秒位置处，选择V2轨道的文字图层，按住Alt键的同时按住鼠标左键拖动至4秒位置，将其复制一份，如图6-27所示。

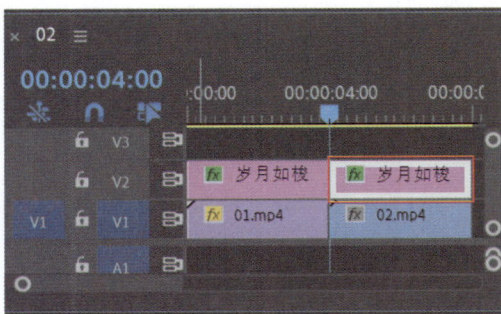

图6-27

步骤 17 选中复制的文字图层，单击【工具】面板中的 **T**（文字工具）按钮，然后在【节目监视器】面板中更改文字内容，如图6-28所示。

图6-28

步骤 18 接着展开【适量运动】卷展栏，将时间线滑动至4秒位置，更改【位置】为（2347.0,540.0），如图6-29所示。

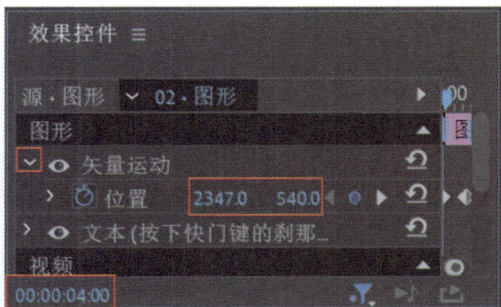

图6-29

步骤 19 在【效果】面板中搜索【白场过渡】效果，并将该效果拖曳到V2轨道两个文字图层的中间位置处，如图6-30所示。

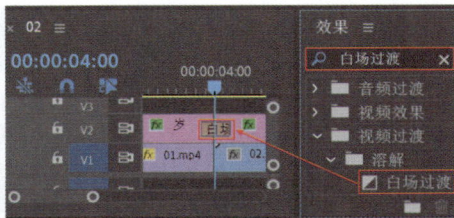

图6-30

步骤 20 将时间线滑动至起始位置处，将【项目】面板中的"配乐.mp3"素材拖曳到A1轨道上，如图6-31所示。

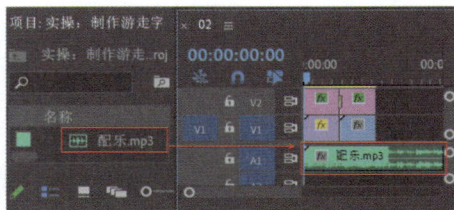

图6-31

步骤 21 将时间线滑动至8秒位置处，使用快捷键Ctrl+K将素材进行剪辑分割，接着选中时间线后方的素材，按Delete键删除。如图6-32所示。

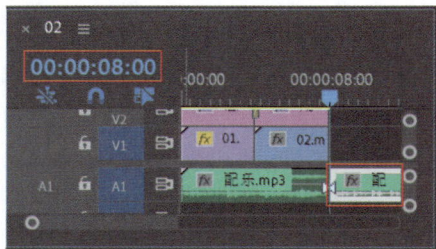

图6-32

步骤 22 至此，本案例制作完成，滑动时间线时呈现的画面效果如图6-33所示。

图6-33

6.3 实操：制作旅行 Vlog 片头

6.3.1　设计思路

案例类型：

本案例是一个"逐梦之旅Vlog"短视频项目，如图6-34所示。

图6-34

项目诉求：

随着旅行文化的日益普及和社交媒体的发展，旅行Vlog已成为人们记录、分享美好旅程的重要方式。本项目旨在通过打造一系列高质量的"逐梦之旅Vlog"短视频，为观众呈现一个充满活力、自由与美好的旅行世界。我们希望通过这些短视频，不仅能够展示旅行目的地的自然美景、人文风情，还能传递出年轻人在旅途中的快乐、自由与成长。

设计定位：

在本案例中，短视频以展现旅行的美好与自由为核心，通过精心的后期制作将静态图片转化为生动的短视频。在视觉风格上追求明亮轻快和动态自然的效果；在内容呈现上注重故事叙述、情感共鸣和品牌融入。旨在通过高质量的视觉内容吸引观众关注，并激发他们对旅行的向往与追求。

6.3.2　配色方案

本案例以绿色为主色调，传达自然之美与旅行的生机活力；白色为辅助色，使画面更加明亮并增加清爽感；彩虹色为点缀色则为整个配色方案增强丰富性和趣味性。

主色：

绿色作为自然环境的代表色，能够很好地传达出旅行中的生机与活力。在这里，选择一种清新明亮的绿色作为主色调，能够展现女性与自然环境的和谐共处，同时也符合旅行主题中对于自由与探索的向往。本案例的主色示例如图6-35所示。

图6-35

辅助色：

白色作为辅助色，用于平衡主色调的绿色，提升画面的明亮度和清爽感。女性的白色T恤、光影效果以及文字水印中的白色部分，都使得白色成为不可或缺的辅助色。白色不仅能够提亮画面，还能使其他颜色更加鲜明。辅助色和主色的对比如图6-36所示。

图6-36

6.3.3 项目实战

步骤／01 首先在软件中新建一个项目。接着在菜单栏中选择【文件】|【导入】命令，在弹出的【导入】对话框（见图6-37）中导入全部素材。

图6-37

步骤／02 将【项目】面板中的"1.mp4"素材拖曳到【时间轴】面板中，如图6-38所示。此时在【项目】面板中自动生成一个与素材等大的序列。

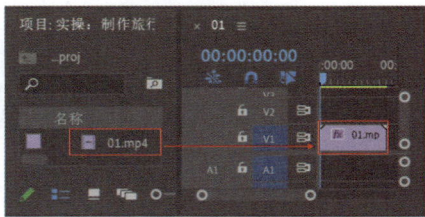

图6-38

步骤／03 此时，画面效果如图6-39所示。

图6-39

步骤／04 在【效果】面板中搜索【高斯模糊】效果，并将该效果拖曳到V1轨道的"1.mp4"素材上，如图6-40所示。

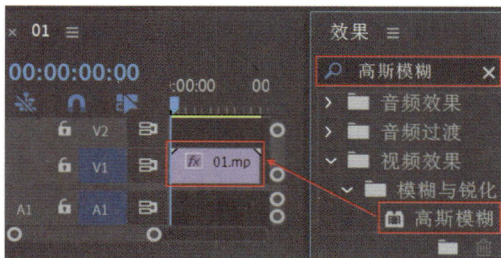

图6-40

步骤/05　选择V1轨道的"1.mp4"素材，在【效果控件】面板中展开【高斯模糊】效果，接着将时间线滑动至起始位置，单击【模糊度】前方的◎（切换动画）按钮，设置【模糊度】为800.0，将时间线滑动至2秒20帧位置处，设置【模糊度】为0.0，如图6-41示。

图6-41

步骤/06　此时，滑动时间线时呈现的画面效果如图6-42所示。

图6-42

步骤/07　将时间线滑动至1秒20帧位置处，将【项目】面板中的"1.png"素材拖曳到V2轨道上，如图6-43所示。

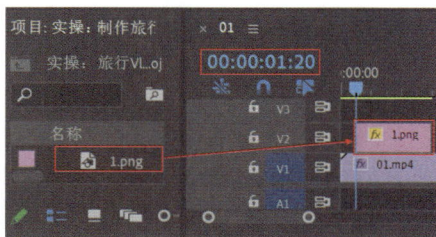

图6-43

步骤/08　此时，画面效果如图6-44所示。

图6-44

步骤/09　选择V2轨道的"1.png"素材，在【效果控件】面板中展开【运动】卷展栏，接着将时间线滑动至1秒20帧位置，单击【位置】、【缩放】和【不透明度】前方的◎（切换动画）按钮，设置【位置】为（1920.0,1080.0），【缩放】为1000.0，【不透明度】为0.0%，将时间线滑动至2秒20帧位置处，设置【位置】为（2800.0，700.0），【缩放】为140.0，【不透明度】为100.0%，将时间线滑动至4秒20帧位置处，设置【不透明度】为100.0%，将时间线滑动至6秒19帧位置处，设置【不透明度】为0.0%，如图6-45所示。

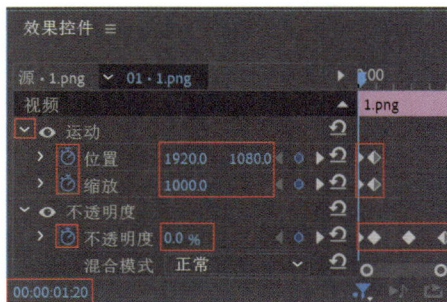

图6-45

步骤/10 此时，滑动时间线时呈现的画面效果如图6-46所示。

图6-46

步骤/11 将时间线滑动至1秒20帧位置，单击【工具】面板中的 █（文字工具）按钮，然后在【节目监视器】面板底部合适位置单击并输入文字，如图6-47所示。

图6-47

步骤/12 选中V3轨道的文字图层，在【效果控件】面板中展开【文本/源文本】卷展栏，设置合适的字体系列和字体样式，设置【字体大小】为360，设置【填充颜色】为白色，选中【阴影】复选框，设置【阴影颜色】为黑色，【不透明度】为75%，【角度】为135°，【距离】为20.0，【大小】为5.0，【模糊】为40，接着展开【变换】卷展栏，设置【位置】为（917.0，1127.0），如图6-48所示。

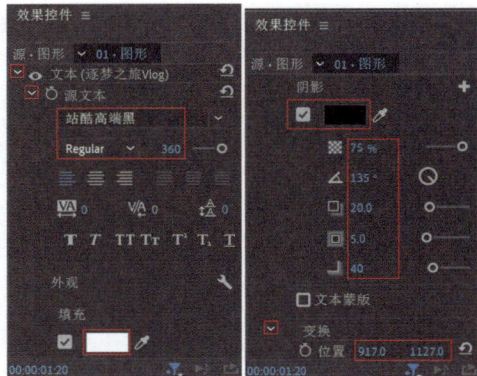

图6-48

步骤/13 此时，画面文字效果如图6-49所示。

图6-49

步骤/14 将时间线滑动至5秒19帧位置处，在【效果】面板中搜索【快速模糊出点】效果，并将该效果拖到的V3轨道文字图层上，如图6-50所示。

图6-50

步骤/15 此时，滑动时间线时呈现的文字效果如图6-51所示。

图6-51

步骤/16 将时间线滑动至起始位置处,将【项目】面板中的"01.mp3"素材拖曳到A1轨道上,如图6-52所示。

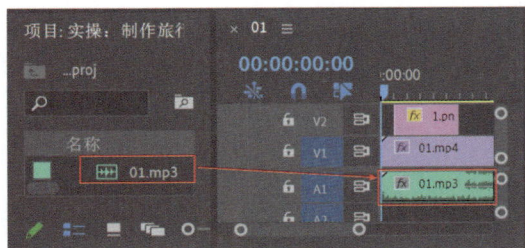

图6-52

步骤/17 将时间线滑动至11秒06帧位置处,使用快捷键Ctrl+K将素材进行剪辑分割,如图6-53所示。接着选中时间线后方的素材,按Delete键删除。

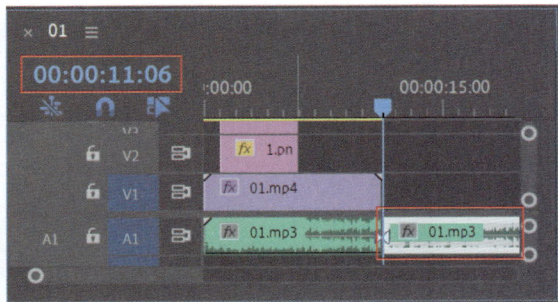

图6-53

步骤/18 至此,本案例制作完成,滑动时间线时呈现的画面效果如图6-54所示。

图6-54

🍎 **读书笔记**

第 7 章

视频的常见创作类型

视频作为一种直观且富有表现力的媒介形式，通过动态影像、声音和文字的结合，能够生动传递信息、讲述故事、表达情感。而视频创作类型的多样性，则进一步拓宽了视频的表现范畴和应用场景，不仅满足了观众多元化的观看需求，也激发了创作者的灵感和创意。从短视频的迅速传播到纪录片的深度挖掘，从广告的精准营销到动画视频的视觉盛宴，每一种视频创作类型都在以独特的方式影响着人们的生活，推动着视频艺术的不断创新与发展。本章将介绍视频的常见创作类型。并且通过对视频项目的分析以及实战操作，帮助读者掌握不同类型的视频创作的实用技巧，提高在实际应用中的创作能力。

7.1　认识视频的常见创作类型

Premiere Pro视频创作领域广阔，涵盖多种视频类型以满足不同需求。从创意短视频到精美的旅行摄影视频，再到震撼人心的特效广告，从简单的短视频到复杂的综艺节目视频，都可通过Premiere Pro进行剪辑、调色、添加特效等后期处理。根据用途、受众和风格的不同，通过精心策划和制作，能够生动展现内容，吸引观众目光，实现创作目的。

7.1.1　短片与微电影

微电影：Premiere Pro是制作微电影的理想工具，它允许你剪辑、调色、编辑音频，从而创作出具有完整叙事结构和深刻主题的作品。微电影可以涉及各种题材，如爱情、科幻、悬疑、喜剧等，适合在电影节、网络平台或社交媒体上进行展示。微电影示例截图如图7-1和图7-2所示。

纪录片：通过Premiere Pro，你可以剪辑和编辑纪录片素材，制作出具有教育意义、文化价值或社会影响力的作品。纪录片通常以真实事件、人物或地点为主题，通过采访、解说和现场拍摄等方式，向观众传达信息和观点。纪录片示例截图如图7-3所示。

图7-1

图7-2

图7-3

7.1.2 广告与宣传片

商业广告：Premiere Pro能够帮助用户制作出吸引眼球的商业广告，无论是电视广告、网络广告还是社交媒体广告，都可以利用Premiere Pro的剪辑、特效和音频等功能，创造出具有冲击力、创新性和吸引力的广告内容，以吸引潜在客户并促进销售。商业广告示例截图如图7-4所示。

宣传片：宣传片通常用于推广品牌、产品或服务。通过Premiere Pro可以制作出高质量的宣传片，展示产品或服务的优势、特点和使用场景，从而吸引观众的关注，并激发其兴趣。宣传片示例如图7-5所示。

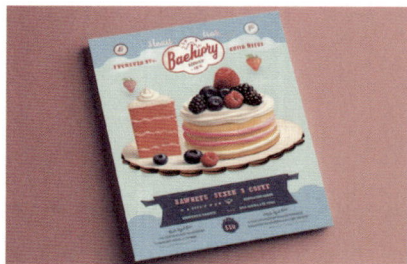 

图7-4　　　　　　　　　　　　　　　图7-5

7.1.3 音乐视频（MV）

Premiere Pro是制作音乐视频的重要工具。用户可以将音乐与视频素材相结合，通过剪辑、特效和动画等手段，创造出与音乐节奏和情感氛围相匹配的视频内容。音乐视频通常具有高度的创意和视觉冲击力，能够吸引观众的注意力并传达艺术家的风格和创意。MV示例截图如图7-6所示。

图7-6

7.1.4 综艺节目与电视剧片段

综艺节目片段：Premiere Pro可以用于剪辑和后期处理综艺节目素材，制作出精彩的片段、预告片或花絮。通过剪辑、调色和特效处理，可以突出节目的亮点和精彩瞬间，吸引观众的关注，并激发其兴趣。综艺节目片段示例截图如图7-7所示。

电视剧片段：Premiere Pro也适用于电视剧的剪辑和后期处理。你可以剪辑出电视剧的预告片、精彩片段或幕后花絮，以吸引观众的注意力并促进电视剧的收视率。电视剧片段示例截图如图7-8所示。

图7-7　　　　　　　　　　　　　　图7-8

7.1.5　教学视频与教程

Premiere Pro可以制作各种类型的教学视频，如软件教程、烹饪教程、健身教程等。通过剪辑、配音和字幕等手段，可以将复杂的视频内容简化并清晰地传达给观众，帮助他们快速掌握所需的知识和技能。烹饪教程几个截图如图7-9所示。

图7-9

7.1.6　个人视频与社交媒体内容

个人视频：Premiere Pro还适用于制作个人视频，如生日视频、婚礼视频、旅行纪录片等。用户可以将个人照片、视频素材和音频相结合，通过剪辑和特效处理，制作出具有纪念意义和情感价值的视频作品。个人视频的几个截图如图7-10所示。

社交媒体内容：随着社交媒体的普及，Premiere Pro也成为制作社交媒体内容的得力助手。用户可以制作短视频、GIF、表情包等，以适应不同社交媒体平台的传播需求，并吸引更多粉丝和关注者。社交媒体示例截图如图7-11所示。

图7-10

图7-11

7.2 实操：女装宣传广告

7.2.1 设计思路

案例类型：

本案例是一个女装品牌宣传广告设计项目，如图7-12所示。

图7-12

项目诉求：

本项目致力于构建一个面向都市女性的高端女装电商平台，目标在于吸引目标受众、提升品牌形象、促进产品销售和增强用户黏性，而设计重点则在于精准定位、打造视觉冲击力、实现情感共鸣，以及清晰且突出地传达产品亮点。

设计定位：

本案例聚焦于融合"简约国风"与"新韵风尚"的美学理念，以高雅、清新、浪漫为基调，通过精心挑选的色彩搭配、层次分明的构图布局以及细腻的情感表达，全方位展现品牌女装的独特韵味与高品质，旨在打造既具有文化底蕴又不失时尚感的视觉盛宴，吸引并触动目标消费群体的心弦。

7.2.2 配色方案

本案例以黑色、灰色和白色为主打色彩，利用色彩的对比与和谐，展示每件服装的独特魅力。同时，背景采用模糊的灰色调，既与服装颜色形成鲜明对比，又营造出一种简约而不失高级的视觉效果。

主色：

灰色作为主色，在画面中占据了背景的大部分面积，营造了一种沉稳、内敛的气质。这种灰色不仅与中国风元素相得益彰，还为整个画面提供了一个和谐的基调。本案例的主色示例如图7-13所示。

图7-13

辅助色：

黑色作为辅助色，与灰色形成了良好的对比，凸显了模特的轮廓和服装的质感。同时，黑色也象征着高贵和典雅，与"简约国风女装"的定位相契合。辅助色和主色的对比如图7-14所示。

图7-14

点缀色：

白色作为点缀色，在深色背景中显得格外醒目，不仅提升了文字的可读性，还为整个画面增添了一抹清新、纯净的气息。加上点缀色的示例如图7-15所示。

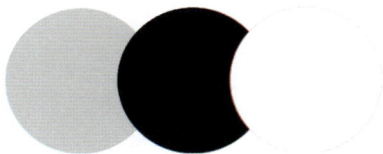

图7-15

7.2.3　项目实战

1. 制作片头部分

步骤/01　首先在软件中新建一个【项目】和【序列】。然后在菜单栏中选择【文件】|【新建】|【颜色遮罩】命令，在弹出的【新建颜色遮罩】对话框中单击【确定】按钮，在弹出的【拾色器】对话框中设置【颜色】为灰色，单击【确定】按钮，如图7-16所示。最后在弹出的【选择名称】对话框中单击【确定】按钮。

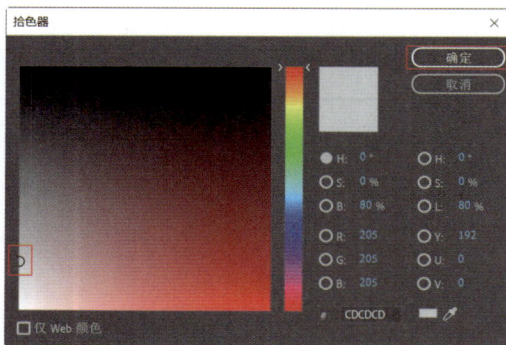

图7-16

步骤/02　将【项目】面板中的【颜色遮罩】拖曳到【时间轴】面板中的V1轨道上，并设置【颜色遮罩】的结束时间为10秒，如图7-17所示。

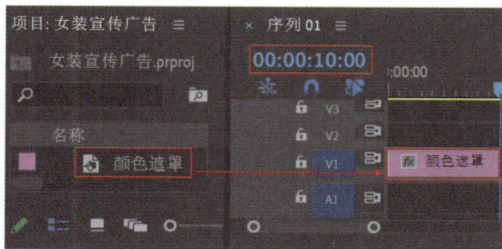

图7-17

步骤/03　将时间线滑动至起始位置，在不选中任何图层状态下，单击【工具】面板中的█（椭圆工具）按钮，接着在【节目监视器】面板中绘制一个圆形，如图7-18所示。

步骤/04　选中V2轨道的图形图层，在【效果控件】面板中展开【形状/外观】卷展栏，设置【填充颜色】为深蓝色，如图7-19所示。

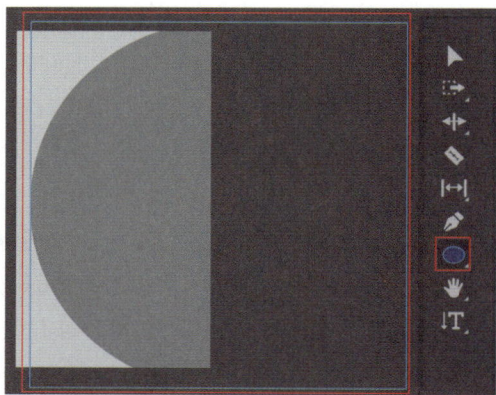

图7-18

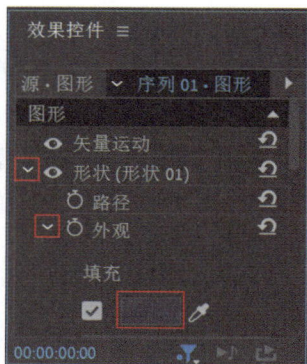

图7-19

步骤/05　此时，画面效果如图7-20所示。

图7-20

步骤/06　在菜单栏中选择【文件】|【导入】命令，在弹出的【导入】对话框（见图7-21）中选中所有素材，然后单击【打开】按钮，导入所有素材。

图7-21

步骤/07 将【项目】面板中的"8.png"素材依次拖曳到V3和V6轨道上，如图7-22所示。

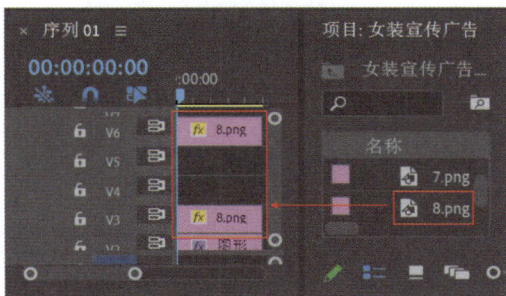

图7-22

步骤/08 选择V3轨道的"8.png"素材，在【效果控件】面板中展开【运动】卷展栏，设置【位置】为（-12.0,1101.0），设置【缩放】为1165.0，接着展开【不透明度】卷展栏，设置【不透明度】为11.0%，设置【混合模式】为滤色，如图7-23所示。

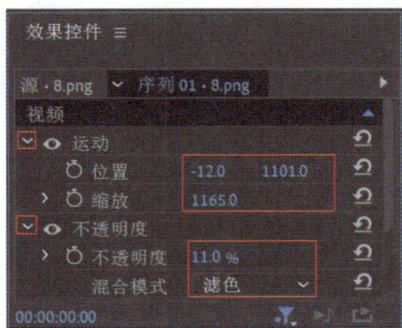

图7-23

步骤/09 选择V6轨道的"8.png"素材，在【效果控件】面板中展开【运动】卷展栏，设置【位置】为（959.0，721.4），设置【缩放】为121.0，如图7-24所示。

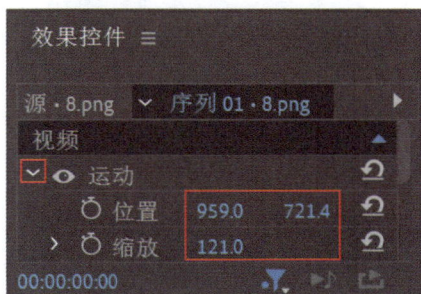

图7-24

步骤/10 此时，画面效果如图7-25所示。

图7-25

步骤/11 将【项目】面板中的"7.png"素材拖曳到V4轨道上，如图7-26所示。

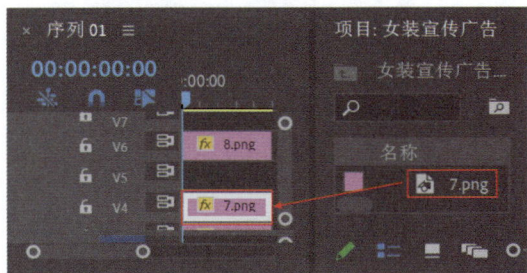

图7-26

步骤/12 选择V7轨道的"7.png"素材，在【效果控件】面板中展开【运动】卷展栏，设置【位置】为（316.4,1143.4），设置【缩放】

为181.0，如图7-27所示。

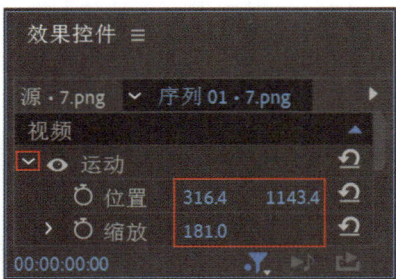

图7-27

步骤/13 此时，画面效果如图7-28所示。

图7-28

步骤/14 将【项目】面板中的"1.png"素材拖曳到V5轨道上，如图7-29所示。

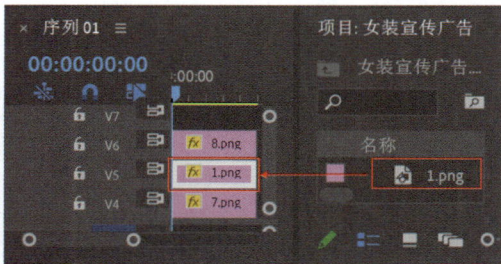

图7-29

步骤/15 选择V5轨道的"1.png"素材，在【效果控件】面板中展开【运动】卷展栏，设置【位置】为（784.5，713.3），设置【缩放】为79.0，接着展开【不透明度】卷展栏，单击下方的■（创建椭圆形蒙版）按钮，如图7-30所示。

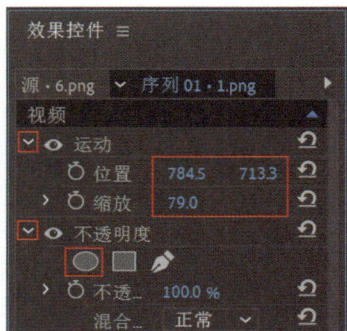

图7-30

步骤/16 接着在【节目监视器】面板中调整的蒙版的形状及位置，如图7-31所示。

图7-31

步骤/17 将【项目】面板中的"6.png"素材拖曳到V7轨道上，如图7-32所示。

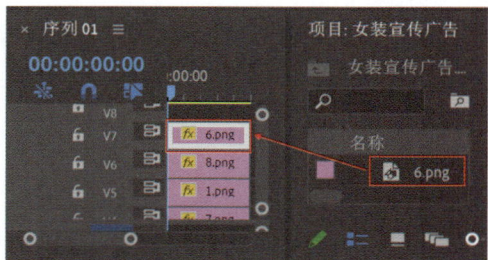

图7-32

步骤/18 选择V5轨道的"1.png"素材，在【效果控件】面板中展开【运动】卷展栏，设置【位置】为（776.2，1478.4），设置【缩放】为77.0，接着展开【不透明度】卷展栏，单击下方的■（创建椭圆形蒙版）按钮，如图7-33所示。

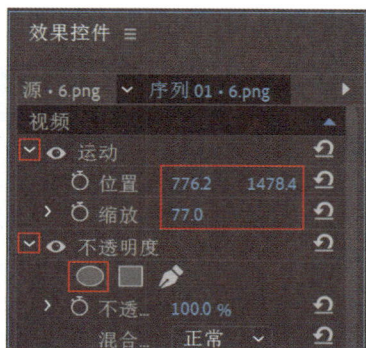

图7-33

步骤/19　接着在【节目监视器】面板中调整的蒙版的形状及位置，如图7-34所示。

图7-34

步骤/20　在【时间轴】面板中选择V2~V7轨道上的图形及素材，右击并在弹出的快捷菜单中选择【嵌套】命令，如图7-35所示。然后在弹出的窗口中设置【名称】为片头。

图7-35

步骤/21　将时间线滑动至1秒20帧位置，设置V2轨道上嵌套序列【片头】的结束时间为1秒20帧，如图7-36所示。

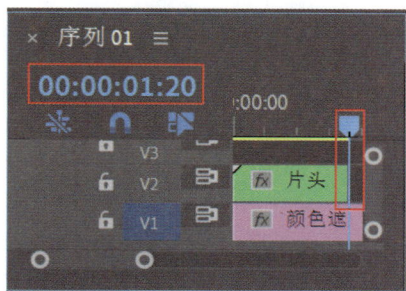

图7-36

步骤/22　在【效果】面板中搜索【油漆飞溅】效果，并将该效果拖曳到V2轨道嵌套序列【片头】的起始位置，如图7-37所示。

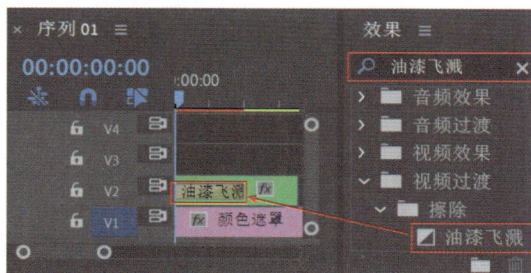

图7-37

步骤/23　选中【油漆飞溅】效果，在【效果控件】面板中设置【持续时间】为10帧，如图7-38所示。

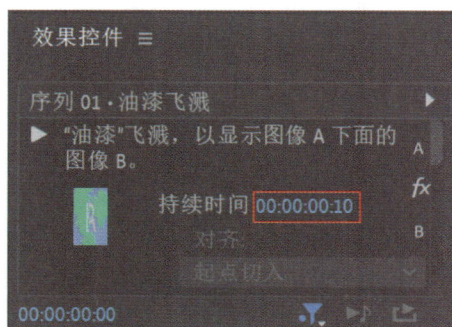

图7-38

步骤/24　此时，滑动时间线时呈现的画面效果如图7-39所示。

121

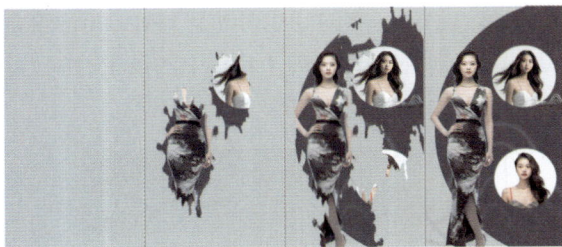

图7-39

步骤/25 将时间线滑动至起始位置，单击【工具】面板中的 T（文字工具）按钮，然后在【节目监视器】面板底部合适位置单击并输入文字。选中V3轨道的文字图层，在【效果控件】面板中展开【文本/源文本】卷展栏，设置合适的字体系列和字体样式，设置【字体大小】为117，【填充颜色】为白色，接着展开【变换】卷展栏，设置【位置】为（77.1,164.5），如图7-40所示。

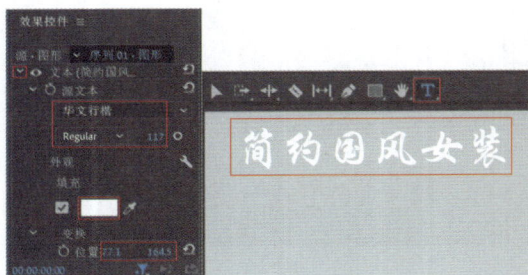

图7-40

步骤/26 将时间线滑动至1秒20帧位置，在【时间轴】面板中设置V3轨道文字图层的结束时间为1秒20帧，如图7-41所示。

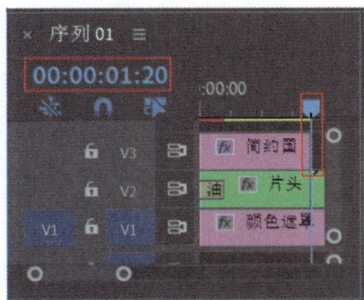

图7-41

步骤/27 在V3轨道文字图层被选中状态下，继续使用文字工具在画面适合位置创建其他

文字，效果如图7-42所示。

图7-42

步骤/28 在【效果】面板中搜索Split效果，并将该效果拖曳到【时间轴】面板V3轨道的文字图层上，如图7-43所示。

图7-43

步骤/29 此时，滑动时间线时呈现的画面效果如图7-44所示。

图7-44

2. 制作中间部分

步骤/01 将时间线滑动至1秒20帧位置，在不选中任何图层状态下，单击【工具】面板中的 ◯（椭圆工具）按钮，接着在【节目监视器】面板中绘制一个圆形，选中V2轨道的图形图层，在【效果控件】面板中展开【形状/外观】卷展栏，设置【填充颜色】为灰色，如图7-45所示。

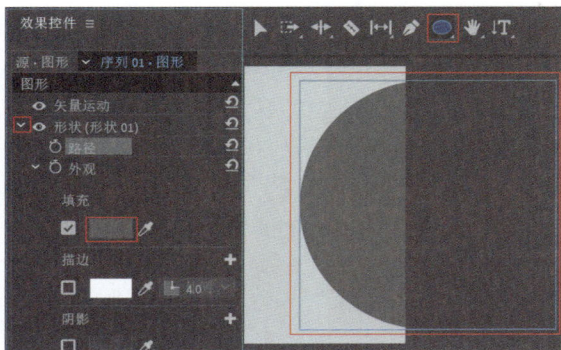

图7-45

步骤/02 将时间线滑动至1秒20帧位置，将【项目】面板中的"2.png"素材拖曳到V3轨道上，如图7-46所示。

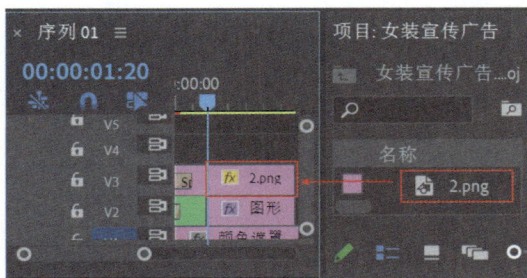

图7-46

步骤/03 选择V3轨道的"2.png"素材，在【效果控件】面板中展开【运动】卷展栏，设置【位置】为（773.9，967.0），接着展开【不透明度】卷展栏，单击下方的 ◯（创建椭圆形蒙版）按钮，如图7-47所示。

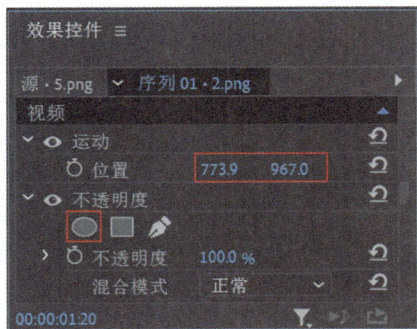

图7-47

步骤/04 接着在【节目监视器】面板中调整蒙版的形状及位置，如图7-48所示。

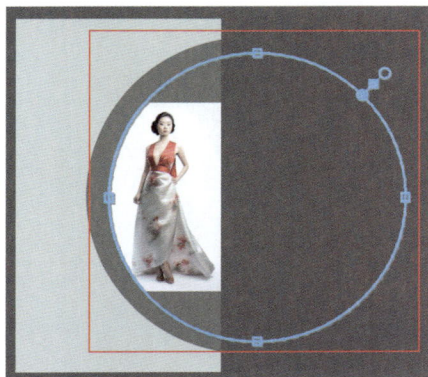

图7-48

步骤/05 将时间线滑动至1秒20帧位置，将【项目】面板中的"8.png"素材拖曳到V4轨道上，如图7-49所示。

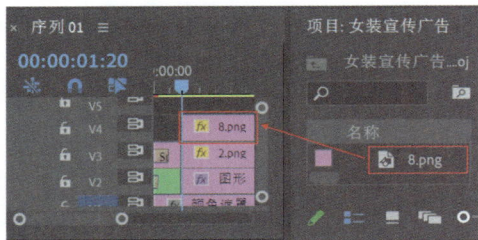

图7-49

步骤/06 选择V4轨道的"8.png"素材，在【效果控件】面板中展开【运动】卷展栏，设置【位置】为（540.0，1510.0），【缩放】为591.0，接着展开【不透明度】卷展栏，设置【混合模式】为柔光，如图7-50所示。

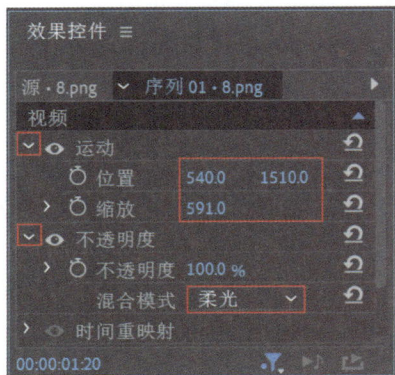

图7-50

步骤/07 此时，画面效果如图7-51所示。

图7-51

步骤/08 将时间线滑动至1秒20帧位置，将【项目】面板中的"5.png"素材拖曳到V5轨道上，如图7-52所示。

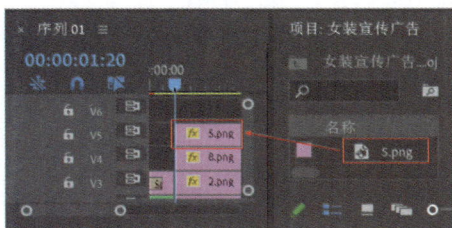

图7-52

步骤/09 选择V5轨道的"5.png"素材，在【效果控件】面板中展开【运动】卷展栏，设置【位置】为（224.9,1401.0），接着展开【不透明度】卷展栏，单击下方的 ◯ （创建椭圆形蒙版）按钮，如图7-53所示。

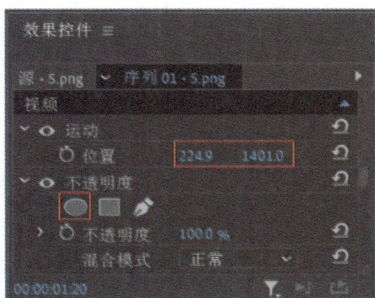

图7-53

步骤/10 接着在【节目监视器】面板中调整蒙版的形状及位置，如图7-54所示。

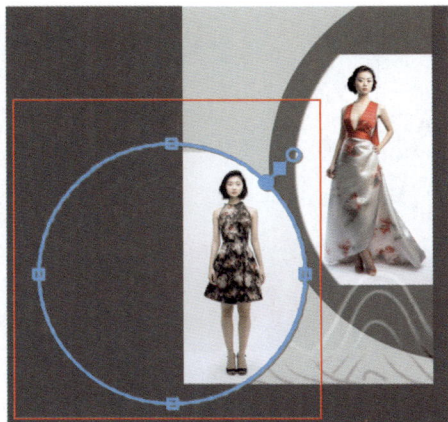

图7-54

步骤/11 将时间线滑动至1秒20帧位置，将【项目】面板中的"8.png"素材拖曳到V7轨道上，选择V7轨道的"8.png"素材，在【效果控件】面板中展开【运动】卷展栏，设置【位置】为（405.0,274.3），如图7-55所示。

图7-55

步骤/12 此时，画面效果如图7-56所示。

图7-56

步骤/13 将时间线滑动至1秒20帧位置，单击【工具】面板中的 ⅠT（垂直文字工具）按钮，然后，在【节目监视器】面板底部合适位置单击并输入文字。选中V8轨道的文字图层，在【效果控件】面板中展开【文本/源文本】卷展栏，设置合适的字体系列和字体样式，设置【字体大小】为81，【填充颜色】为白色，接着展开【变换】卷展栏，设置【位置】为（304.1，98.9），如图7-57所示。

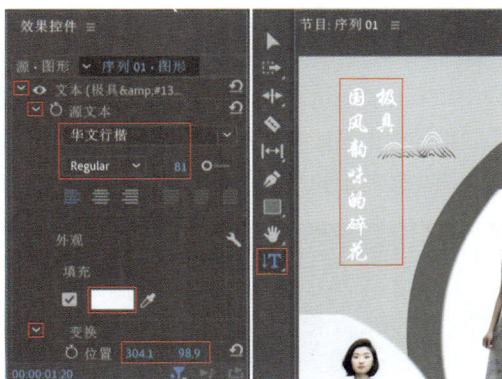

图7-57

步骤/14 继续使用文字工具在画面合适位置创建文字。此时，画面效果如图7-58所示。

图7-58

步骤/15 在【效果】面板中搜索【推】效果，并将该效果拖曳到【时间轴】面板V5轨道的"5.png"素材上，如图7-59所示。

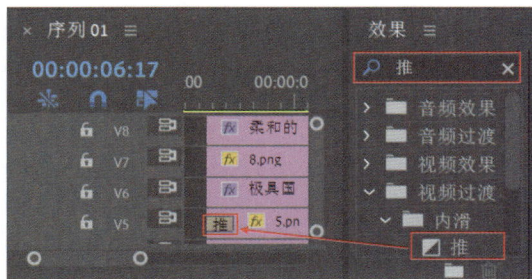

图7-59

步骤/16 在【效果】面板中搜索Inset效果，并将该效果拖曳到【时间轴】面板V6轨道的文字图层上，如图7-60所示。

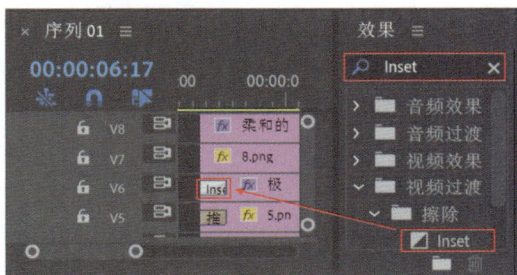

图7-60

步骤/17 在【效果】面板中搜索【划出】效果，并将该效果拖曳到【时间轴】面板V7轨道的"8.png"上，如图7-61所示。

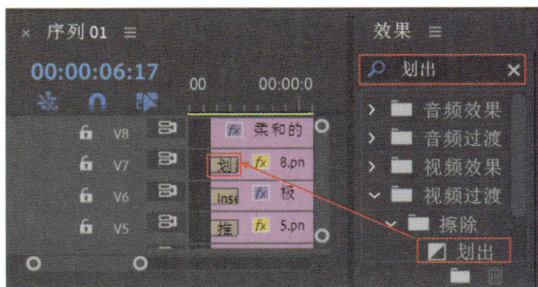

图7-61

步骤/18 在【效果】面板中搜索Center Split效果，并将该效果拖曳到【时间轴】面板V8轨道的文字图层上，如图7-62所示。

步骤/19 在【时间轴】面板中依次选择【推】、Inset、【划出】和Center Split效果，在【效果控件】面板中更改【持续时间】为10帧，如图7-63所示。

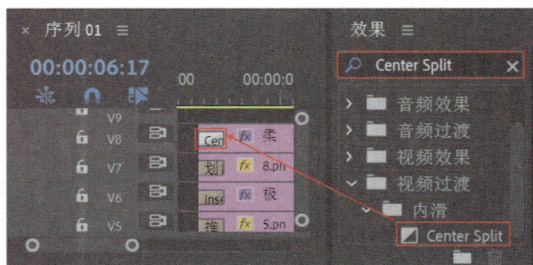

图7-62

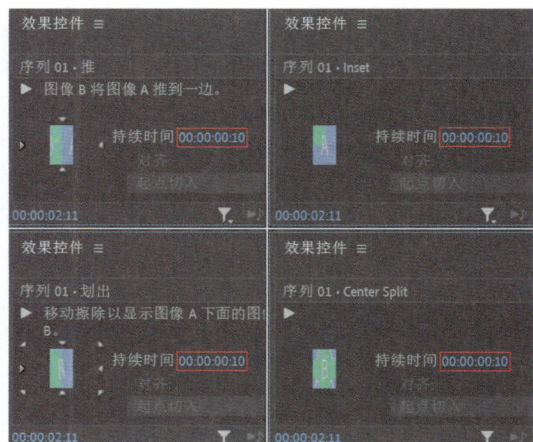

图7-63

步骤 20 在【时间轴】面板中选择V2~V7轨道上的图形及素材，右击并在弹出的快捷菜单中选择【嵌套】命令，如图7-64所示。然后在弹出的窗口中设置【名称】为中间。

图7-64

步骤 21 此时，滑动时间线时呈现的画面效果如图7-65所示。

图7-65

3. 制作片尾部分

步骤 01 将时间线滑动至6秒20帧位置处，在未选中任何图层的状态下单击【工具】面板中的 （椭圆工具）按钮，接着在【节目监视器】面板中绘制一个圆形，选中V2轨道的图形图层，在【效果控件】面板中展开【形状/外观】卷展栏，设置【填充颜色】为灰色，如图7-66所示。

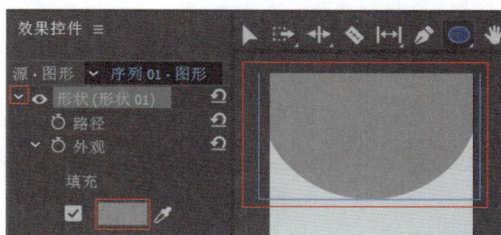

图7-66

步骤 02 将时间线滑动至6秒20帧位置，将【项目】面板中的"8.png"素材依次拖曳到V2、V6和V7轨道上，如图7-67所示。

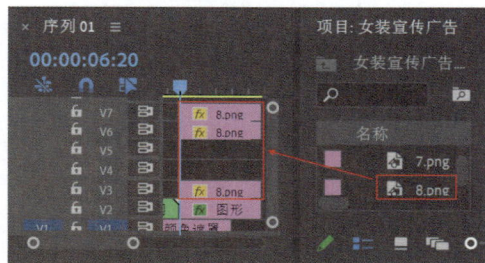

图7-67

步骤 03 在【时间轴】面板中选择V2轨道上的"8.png"素材，在【效果控件】面板中设置【位置】为（540.0,1499.0），设置【缩放】为634.0，选择V6轨道的"8.png"素材，在【效果控件】面板中设置【位置】为（723.3,139.9），接着取消【等比缩放】，设置【缩放高度】为634.0，【缩放宽度】为406.0，选择V7轨道的"8.png"素材，在【效果控件】面板中设置【位置】为（320.0，364.4），如图7-68所示。

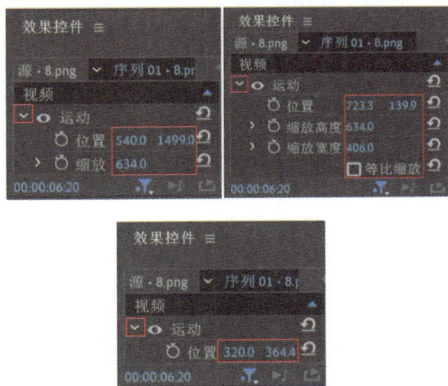

图7-68

步骤／04　此时，画面效果如图7-69所示。

图7-69

步骤／05　将时间线滑动至6秒20帧位置处，将【项目】面板中的"4.png"素材拖曳到V4轨道上，如图7-70所示。

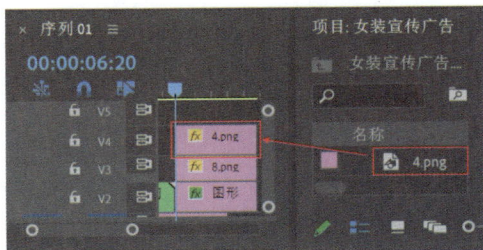

图7-70

步骤／06　在【时间轴】面板中选择V4轨道上的4.png素材，在【效果控件】面板中展开【运动】卷展栏，设置【位置】为（540.0,1137.0），如图7-71所示。

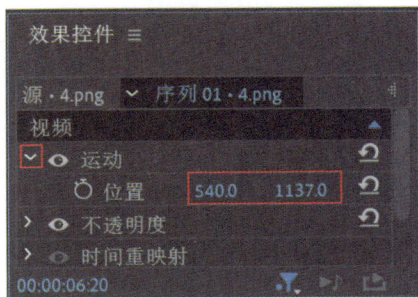

图7-71

步骤／07　此时，画面效果如图7-72所示。

图7-72

步骤／08　将时间线滑动至6秒20帧位置处，选择V4轨道的"4.png"素材，在【效果控件】面板中展开【不透明度】卷展栏，单击■（创建4点多边形蒙版）按钮，然后在【节目监视器】面板中调整蒙版的位置和形状，接着在【效果控件】面板中单击【蒙版路径】前方的◙（切换动画）按钮，创建关键帧，接着将时间线滑动至6秒10帧位置处，然后在【节目监视器】面板中调整蒙版的位置和形状，接着设置【蒙版羽化】为13.0，如图7-73所示。

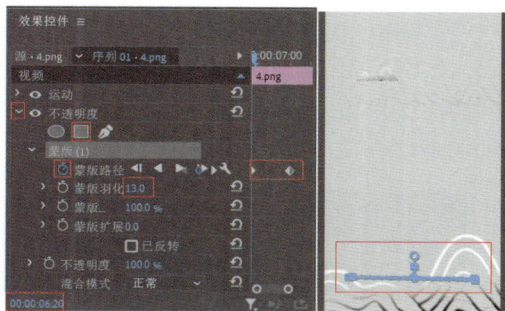

图7-73

步骤 09 此时，滑动时间线时呈现的画面效果如图7-74所示。

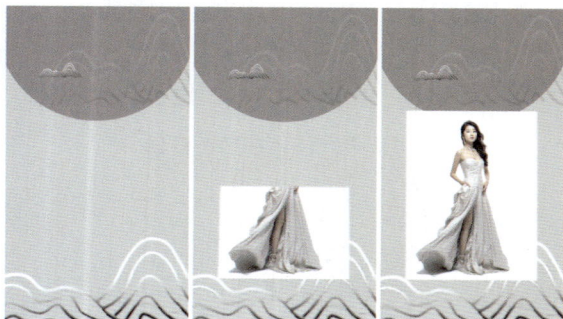

图7-74

步骤 10 将时间线滑动至6秒20帧位置，单击【工具】面板中的 **IT** （垂直文字工具）按钮，然后，在【节目监视器】面板底部合适位置单击并输入文字。选中V8轨道的文字图层，在【效果控件】面板中展开【文本/源文本】卷展栏，设置合适的字体系列和字体样式，设置【字体大小】为57，【填充颜色】为白色，接着展开【变换】卷展栏，设置【位置】为（298.0，65.1），如图7-75所示。

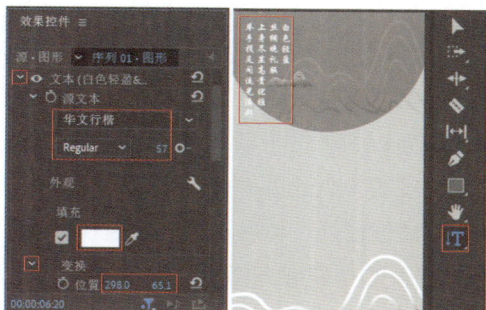

图7-75

步骤 11 在【时间轴】面板中，将V8轨道的文字图层移动到V5轨道上，如图7-76所示。

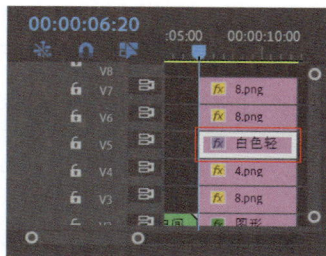

图7-76

步骤 12 此时，画面效果如图7-77所示。

图7-77

步骤 13 在【效果】面板中搜索【交叉溶解】效果，并将该效果依次拖曳到【时间轴】面板V2、V6和V7轨道的"8.png"素材的起始位置上，如图7-78所示。

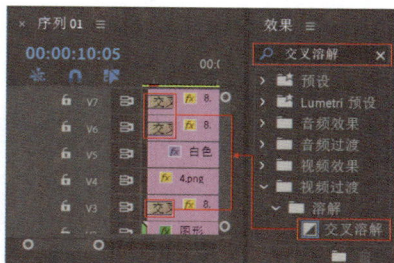

图7-78

步骤 14 选择V7轨道的【交叉溶解】效果，在【效果控件】面板中设置【持续时间】为

10帧，如图7-79所示。

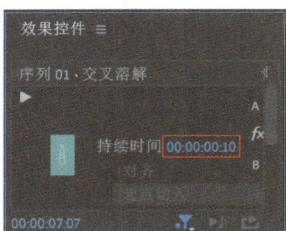

图7-79

步骤/15 在【效果】面板中搜索【百叶窗】效果，并将该效果拖曳到【时间轴】面板V5轨道的文字图层上，如图7-80所示。

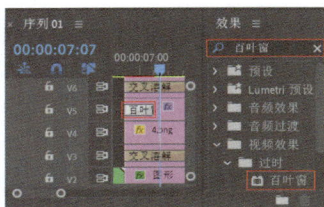

图7-80

步骤/16 此时，滑动时间线时呈现的画面效果如图7-81所示。

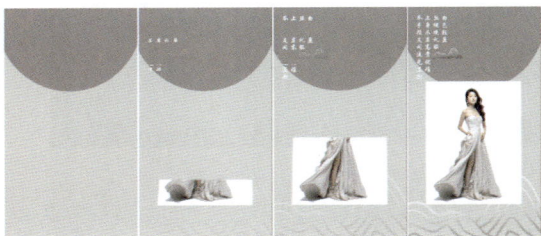

图7-81

步骤/17 在【时间轴】面板中选择V2~V7轨道上的图形及素材，右击并在弹出的快捷菜单中选择【嵌套】命令，如图7-82所示。然后在弹出的窗口中设置【名称】为片尾。

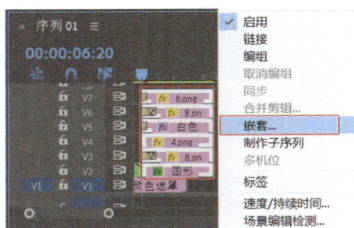

图7-82

步骤/18 将时间线滑动至10秒位置处，在【时间轴】面板中设置嵌套序列【片尾】的结束时间为10秒，如图7-83所示。

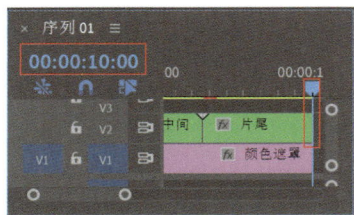

图7-83

步骤/19 在【效果】面板中搜索【黑场过渡】效果，并将该效果拖曳到【时间轴】面板V2轨道嵌套序列【后】上，如图7-84所示。

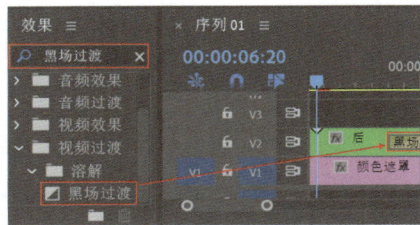

图7-84

步骤/20 此时，本案例制作完成，滑动时间线时呈现的画面效果如图7-85所示。

图7-85

7.3 实操：香水产品宣传

7.3.1 设计思路

案例类型：

本案例是一个高端的香水产品的广告和推广设计，如图7-86所示。

图7-86

项目诉求：

本项目通过香水产品宣传的创新设计，强化品牌形象，展现产品独特魅力，同时有效地传达产品的情感价值，以吸引并触动目标消费群体的心弦，进而提升市场关注度与销售额，实现品牌与市场的双赢。

设计定位：

本案例聚焦于塑造高端、梦幻且情感丰富的香水宣传形象，以追求高品质生活的都市女性为目标消费群体，通过精致的设计元素与富有情感共鸣的文字，展现香水的独特魅力与品牌价值，满足消费者对高品质生活与个性表达的需求。

7.3.2　配色方案

本案例以粉色为基调，巧妙融入金色元素增添奢华感，同时点缀以白色提升清新与高雅。三种颜色和谐共生，呈现出浪漫、梦幻且充满魅力的视觉效果，且完美契合香氛系列的浪漫主题。

主色：

粉色作为主色，能够直接呼应香水广告中常见的浪漫、甜美与女性化的主题。粉色不仅传递出温柔与亲和力，还能激发目标消费群体的情感共鸣。本案例的主色示例如图7-87所示。

图7-87

辅助色：

金色作为辅助色，能够增添奢华和高贵感，与粉色的背景形成鲜明对比，使香水瓶成为画面中的视觉焦点。同时，金色还象征着精致与品质，与香水的定位相契合。辅助色和主色的对比如图7-88所示。

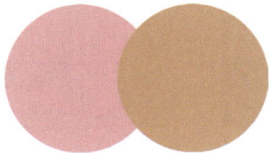

图7-88

点缀色：

白色作为点缀色，能够在粉色和金色的背景中起到提亮和平衡的作用。它不仅能增加画面的清晰度，还能使文字信息和其他关键元素更加醒目、易读。加上点缀色的示例如图7-89所示。

图7-89

7.3.3　项目实战

1. 制作片头部分

步骤/01　首先在软件中新建一个【项目】。然后在菜单栏中选择【文件】|【导入】命令，在弹出的【导入】对话框（见图7-90）中选中所有素材，然后单击【打开】按钮，导入所有素材。

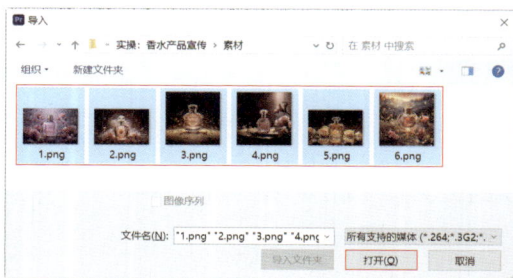

图7-90

步骤/02　将【项目】面板中的"1.png"素材拖曳到【时间轴】面板中，如图7-91所示。

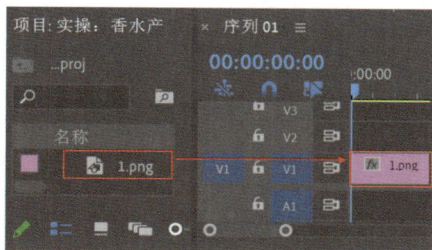

图7-91

步骤/03　将时间线滑动至1秒20帧位置处，单击【工具】面板中的（剃刀工具）按钮，然后在当前位置单击，将素材进行剪辑分割，如图7-92所示。接着选中时间线后方的素材，按Delete键删除。

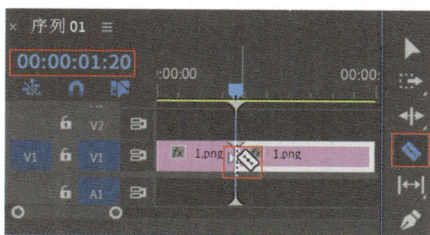

图7-92

步骤/04　此时，画面效果如图7-93所示。

图7-93

步骤/05　将【项目】面板中的"2.png"素材拖曳到V1轨道"1.png"素材后方，如图7-94所示。

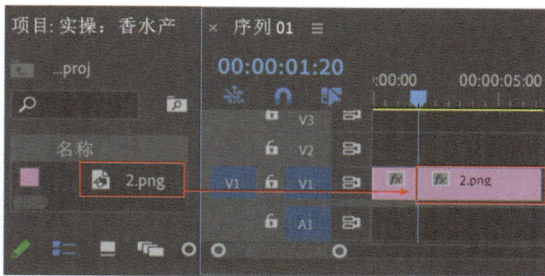

图7-94

步骤/06　将时间线滑动至4秒20帧位置处，将光标定位到素材"2.png"的结束位置，按住鼠标左键拖动至4秒20帧位置，设置"2.png"的结束时间为4秒20帧，如图7-95所示。

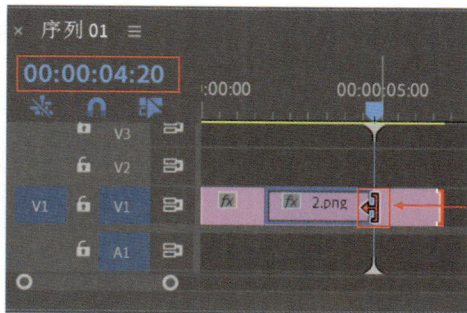

图7-95

步骤/07　将【项目】面板中的"3.png"素材拖曳到V1轨道2.png后方，如图7-96所示。

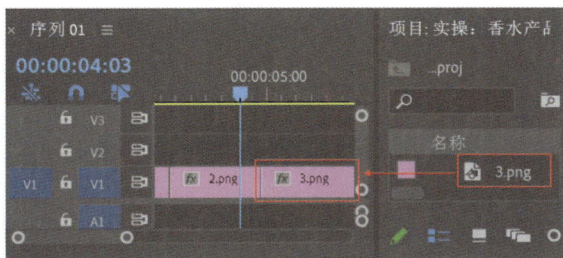

图7-96

步骤/08　在【时间轴】面板中，选中V1轨道的"3.png"素材，右击并在弹出的快捷菜单中选择【速度/持续时间】命令，如图7-97所示。

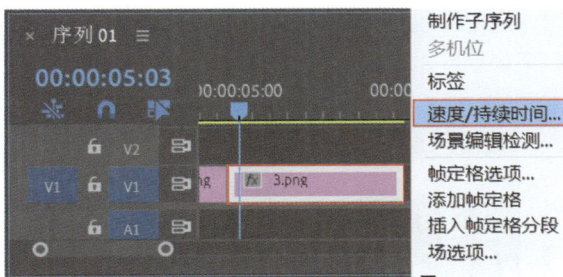

图7-97

步骤/09　在弹出的【剪辑速度/持续时间】对话框中，设置【持续时间】为2秒15帧，单击【确定】按钮，如图7-98所示。

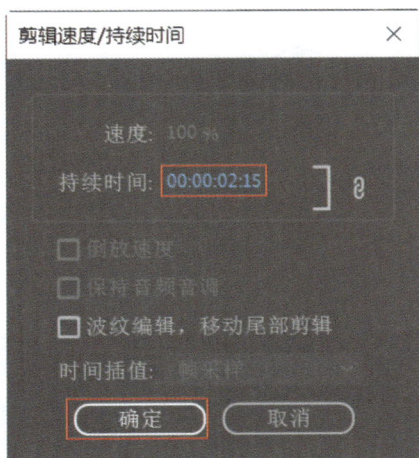

图7-98

步骤/10　选中V1轨道的"3.png"素材，在【效果控件】面板中展开【运动】卷展栏，设置【缩放】为138.0，如图7-99所示。

图7-99

步骤/11　此时，画面效果如图7-100所示。

图7-100

步骤/12　继续使用同样方法将其他素材导入时间轴面板，并设置合适的参数，此时滑动时间线时呈现的画面效果如图7-101所示。

图7-101

步骤/13　在【效果】面板中搜索【白场过渡】效果，并将该效果拖曳到【时间轴】面板V1轨道"1.png"素材起始位置上，如图7-102所示。

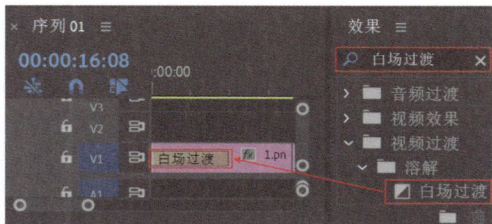

图7-102

步骤/14 在【效果】面板中搜索【油漆飞溅】效果，并将该效果拖曳到【时间轴】面板V1轨道"2.png"的起始位置上，如图7-103所示。

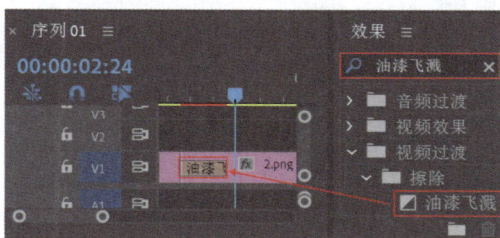

图7-103

步骤/15 选中【油漆飞溅】效果，在【效果控件】面板中设置【持续时间】为10帧，如图7-104所示。

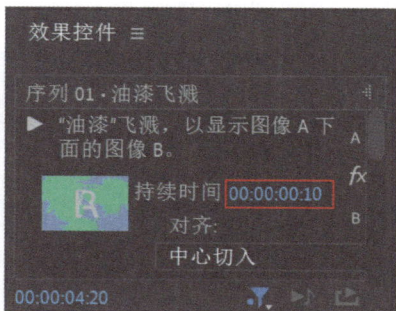

图7-104

步骤/16 将【效果】面板中的【油漆飞溅】效果拖曳至其他素材合适位置处，并设置合适的【持续时间】参数，如图7-105所示。

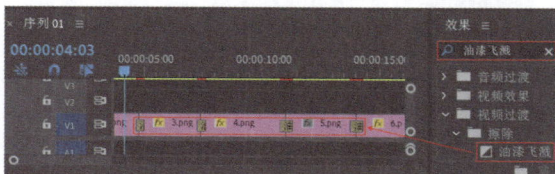

图7-105

步骤/17 在【效果】面板中搜索【白场过渡】效果，并将该效果拖曳到【时间轴】面板V1轨道"6.png"结束位置上，如图7-106所示。

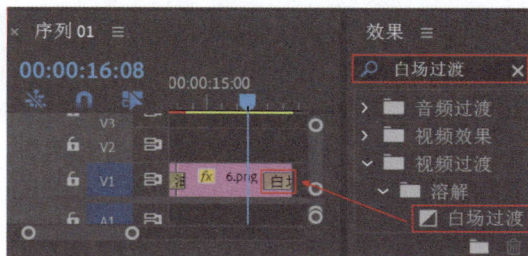

图7-106

步骤/18 此时，滑动时间线时呈现的画面效果如图7-107所示。

图7-107

步骤/19 将时间线滑动至起始位置，单击【工具】面板中的 T （文字工具）按钮，然后在【节目监视器】面板合适位置单击并输入文字，如图7-108所示。

图7-108

步骤/20　将时间线滑动至1秒20帧位置，在【时间轴】面板中设置V2轨道文字图层的结束时间为1秒20帧，如图7-109所示。

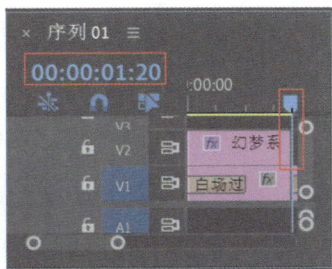

图7-109

步骤/21　选中V2轨道的文字图层，在【效果控件】面板中展开【文本/源文本】卷展栏，设置合适的字体系列和字体样式，设置【字体大小】为233，【填充颜色】为白色，接着选中【阴影】复选框，设置【阴影颜色】为深灰色，【不透明度】为75%，【角度】为135°，【距离】为7.0，【大小】为0.0，【模糊】为40，接着展开【变换】卷展栏，设置【位置】为（197.0，445.5），如图7-110所示。

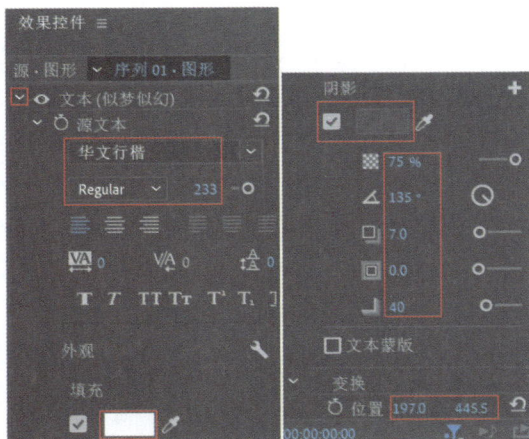

图7-110

步骤/22　此时，画面效果如图7-111所示。

步骤/23　在V2轨道文字图层被选中状态下，单击【工具】面板中的（文字工具）按钮，然后在【节目监视器】面板合适位置单击并输入文字，如图7-112所示。

图7-111

图7-112

步骤/24　选中文字，在【效果控件】面板中展开【文本/源文本】卷展栏，设置合适的字体系列和字体样式，设置【字体大小】为84，接着单击【填充颜色】色块，如图7-113所示。

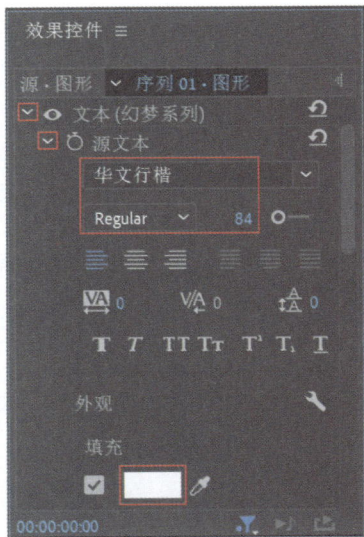

图7-113

步骤／25 然后在弹出的【拾色器】对话框中设置【填充选项】为线性渐变，接着编辑一个淡紫色到白色的渐变颜色，然后单击【确定】按钮，如图7-114所示。

图7-114

步骤／26 接着选中【阴影】复选框，设置【阴影颜色】为深灰色，【不透明度】为75%，【角度】为135°，【距离】为7.0，【大小】为0.0，【模糊】为40，接着展开【变换】卷展栏，设置【位置】为（941.3，565.1），如图7-115所示。

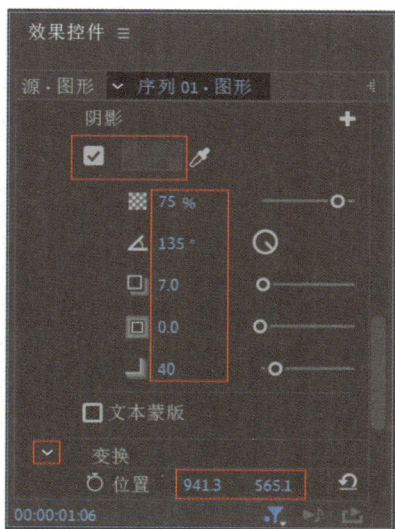

图7-115

步骤／27 此时，画面效果如图7-116所示。

图7-116

步骤／28 在【效果】面板中搜索【线性擦除】效果，并将该效果拖曳到【时间轴】面板V2轨道文字图层上，如图7-117所示。

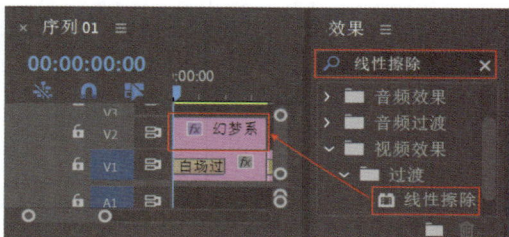

图7-117

步骤／29 选择V2轨道的文字图层，在【效果控件】面板中展开【线性擦除】效果，将时间线滑动至起止位置，单击【过渡完成】前方的 ◎（切换动画）按钮，设置【过渡完成】为100%，接着将时间线滑动到15帧位置，设置【过渡完成】为0，【擦除角度】为270.0°，【羽化】为195.0，如图7-118所示。

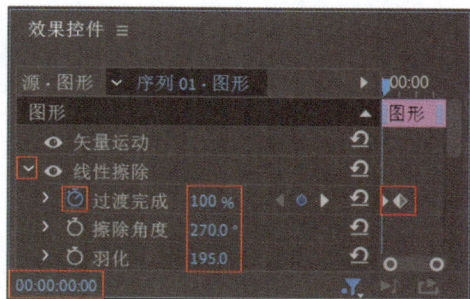

图7-118

步骤/30　此时，滑动时间线时呈现的画面效果如图7-119所示。

图7-119

步骤/31　将时间线滑动至1秒24帧位置，单击【工具】面板中的█（文字工具）按钮，然后在【节目监视器】面板中合适位置单击并输入文字，如图7-120所示。

图7-120

步骤/32　将时间线滑动至3秒03帧位置，在【时间轴】面板中设置V2轨道文字图层的结束时间为3秒03帧，如图7-121所示。

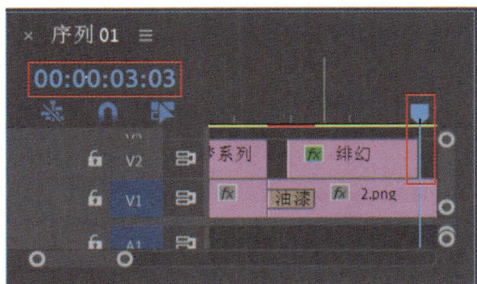

图7-121

步骤/33　选中V2轨道1秒24帧的文字图层，在【效果控件】面板中展开【文本/源文本】卷展栏，设置合适的字体系列和字体样式，设置【字体大小】为358，【填充颜色】为白色，接着选中【阴影】复选框，设置【阴影颜色】为深灰色，【不透明度】为75%，【角度】为135°，【距离】为7.0，【大小】为0.0，【模糊】为40，接着展开【变换】卷展栏，设置【位置】为（309.3,523.8），如图7-122所示。

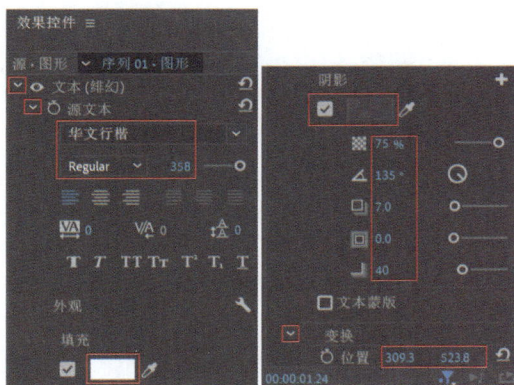

图7-122

步骤/34　此时，画面效果如图7-123所示。

图7-123

步骤/35　将时间线滑动至1秒24帧位置处，在【效果控件】面板中展开【文本】卷展栏，单击█（创建4点多边形蒙版）按钮，接着在【节目监视器】面板中调整蒙版的形状及位置，接着在【效果控件】面板中单击【蒙版路径】前方的█（切换动画）按钮，创建关键帧，然后设置【蒙版羽化】为61.0，如图7-124所示。

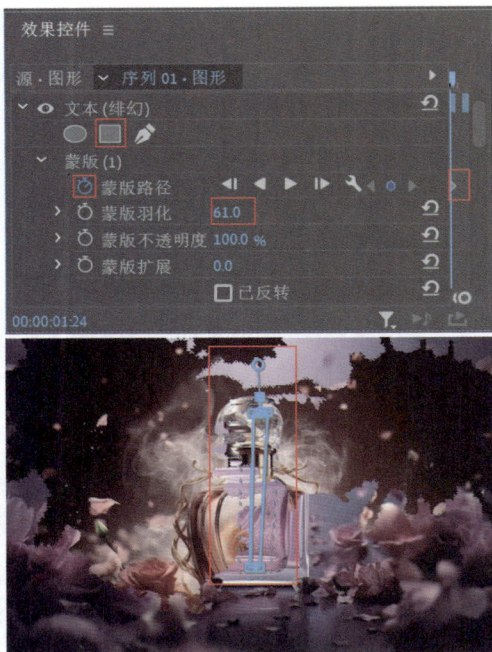

图7-124

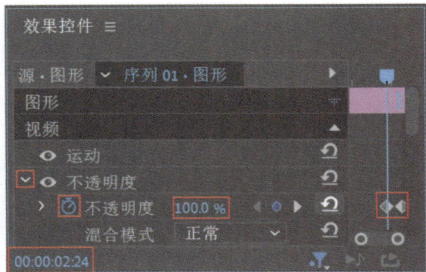

图7-126

步骤/36 将时间线滑动至2秒19帧位置处，在【节目监视器】面板中调整蒙版的形状和位置，如图7-125所示。

图7-125

步骤/37 将时间线滑动至2秒24帧位置处，在【效果控件】面板中展开【不透明度】效果，单击【不透明度】前方的 ◎（切换动画）按钮，设置【不透明度】为100.0%，接着将时间线滑动到3秒04帧位置处，设置【不透明度】为0，如图7-126所示。

步骤/38 此时，滑动时间线时呈现的画面效果如图7-127所示。

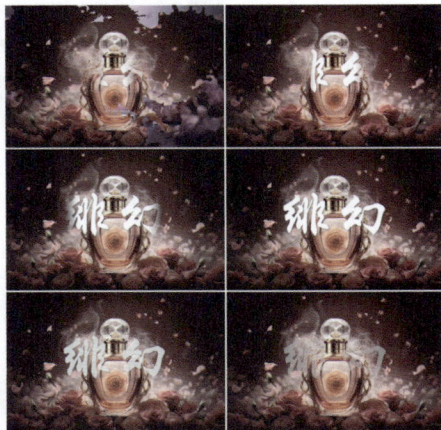

图7-127

步骤/39 将时间线滑动至3秒04帧位置，单击【工具】面板中的 ⅠT（垂直文字工具）按钮，然后在【节目监视器】面板中合适位置单击并输入文字，如图7-128所示。

图7-128

步骤/40 将时间线滑动至4秒19帧位置，在【时间轴】面板中设置V2轨道文字图层的结束时间为4秒19帧，如图7-129所示。

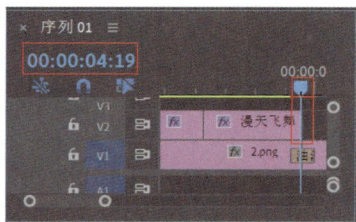

图7-129

步骤/41　选中V2轨道3秒04帧的文字图层，在【效果控件】面板中展开【文本/源文本】卷展栏，设置合适的字体系列和字体样式，设置【字体大小】为43，设置【填充颜色】为深红色到白色的渐变颜色，接着选中【阴影】复选框，设置【阴影颜色】为深灰色，【不透明度】为75%，【角度】为135°，【距离】为7.0，【大小】为0.0，【模糊】为40，接着展开【变换】卷展栏，设置【位置】为（1246.3,88.0），如图7-130所示。

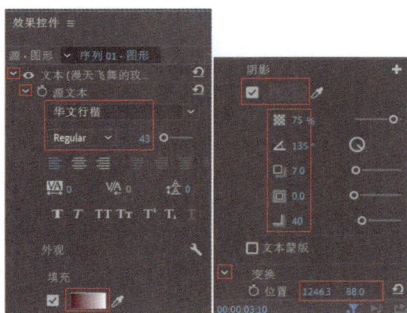

图7-130

步骤/42　在【效果】面板中搜索【块溶解】效果，并将该效果拖曳到【时间轴】面板V2轨道文字图层上，如图7-131所示。

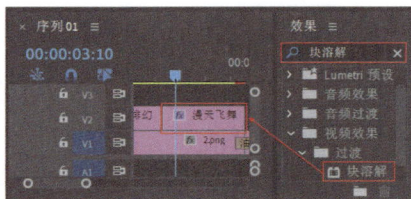

图7-131

步骤/43　在【效果控件】面板中展开【块溶解】效果，将时间线滑动至3秒04帧位置，单击【过渡完成】前方的◎（切换动画）按钮，设置【过渡完成】为100%，接着将时间线滑动到3秒14帧位置处，设置【过渡完成】为0，【块宽度】为8.0，【块高度】为10.0，【羽化】为13.0，如图7-132所示。

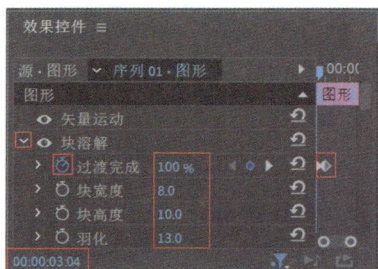

图7-132

步骤/44　此时，滑动时间线时呈现的画面效果如图7-133所示。

图7-133

步骤/45　继续使用同样的方法制作其他文字及动画效果。此时本案例制作完成，滑动时间线时呈现的画面效果如图7-134所示。

图7-134

7.4 实操：日常碎片生活记录

7.4.1 设计思路

案例类型：

本案例是以"日常碎片生活记录"为主题的视觉情感传达设计，完成效果如图7-135所示。

图7-135

项目诉求：

在快节奏的现代生活中，人们往往忽略了日常生活中细微的美好与身心平衡的重要性。本项目旨在真实记录并展现日常生活中的美好点滴，包括饮食习惯、休闲方式、个人兴趣等多个方面。不仅展示生活的表面现象，更深入挖掘并传达这些生活片段背后的情感价值，最终目标是激发观众的共鸣，让他们能够联想到自己的生活经历，感受到生活的美好与意义。

设计定位：

本案例以"精准捕捉生活细微美好，传递深层情感价值"为核心，旨在通过视觉艺术手段，生动展现日常生活中的美好点滴，涵盖饮食习惯、休闲方式及个人兴趣爱好等多个方面。设计风格上追求温馨舒适与现代简约的完美结合，营造亲切、放松的观赏氛围。

7.4.2 配色方案

本案例以白色为主，营造清新简约基调；以淡黄色为辅，增添温馨与食欲；以绿色作为点缀，带来自然与活力，三者和谐共存，展现健康生活的美好瞬间。

主色：

白色作为主色，是整个画面的基础色调。白色不仅给人以纯净、简约的感觉，还能确保文字内容清晰可见，不与背景混淆。同时，白色背景能够凸显页面上的各种生活元素，如咖啡、书籍、花朵和食物等，使它们成为视觉焦点。本案例的主色示例如图7-136所示。

图7-136

辅助色：

　　淡黄色作为辅助色，用于画面中的某些元素或作为背景色的渐变，以增加画面的温馨感和层次感。淡黄色与白色搭配，能够营造出一种柔和而舒适的氛围，让观众感受到日常生活的温暖与惬意。辅助色和主色的对比如图7-137所示。

图7-137

点缀色：

　　绿色作为点缀色，用于 花束或植物元素，为画面带来清新和自然的感觉。绿色与白色和淡黄色的组合，能够形成鲜明的对比，使花束更加引人注目。加上点缀色的示例如图7-138所示。

图7-138

7.4.3　项目实战

步骤01　首先在软件中新建一个【项目】和【序列】。然后在菜单栏中选择【文件】|【新建】|【颜色遮罩】命令，在弹出的【新建颜色遮罩】对话框中单击【确定】按钮，然后在弹出的【拾色器】对话框中设置【颜色】为白色，单击【确定】按钮，如图7-139所示。最后在弹出的【选择名称】对话框中设置【名称】为背景，单击【确定】按钮。

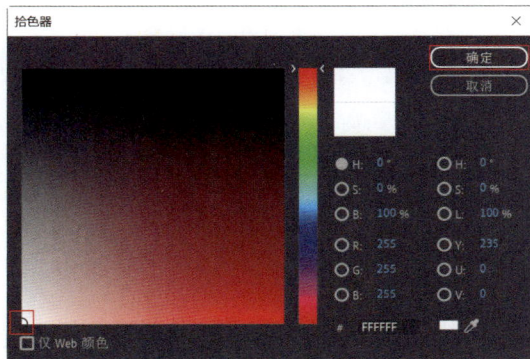

图7-139

步骤02　将【项目】面板中的背景拖曳到【时间轴】面板中的V1轨道上，如图7-140所示。

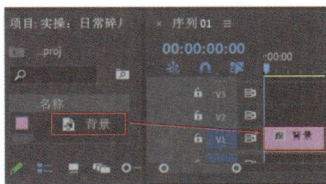

图7-140

步骤/03 将时间线滑动至7秒10帧，在【时间轴】面板中设置背景的结束时间为7秒10帧，如图7-141所示。

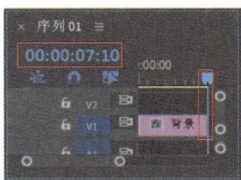

图7-141

步骤/04 在菜单栏中选择【文件】|【导入】命令，在弹出的【导入】对话框（见图7-142）中选中所有素材，然后单击【打开】按钮，导入所有素材。

图7-142

步骤/05 将【项目】面板中的"1.jpg"素材拖曳到【时间轴】面板中的V2轨道上，并设置"1.jpg"素材的结束时间为2秒24帧，如图7-143所示。

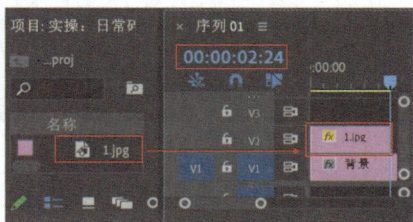

图7-143

步骤/06 此时，画面效果如图7-144所示。

图7-144

步骤/07 选中V2轨道的"1.jpg"素材，在【效果控件】面板中展开【运动】卷展栏，设置【位置】为（324.0,675.2），接着展开【不透明度】卷展栏，单击▣（创建4点多变形蒙版）按钮，接着在【节目监视器】面板中调整，蒙版的形状及位置，如图7-145所示。

图7-145

步骤/08 选中V1轨道的"1.jpg"素材，将时间线滑动至起始位置，在【效果控件】面板中展开【运动】卷展栏，单击【缩放】前方的◎（切换动画）按钮，设置【缩放】为0.0，将时间线滑动至10帧位置处，设置【缩放】为26.0，如图7-146所示。

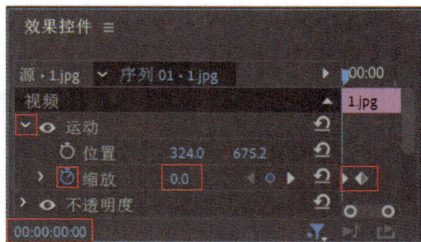

图7-146

步骤/09 此时，滑动时间线时呈现的画面效果如图7-147所示。

图7-147

步骤/10 将【项目】面板中的"2.jpg"素材拖曳到V2轨道上，并设置结束时间为2秒24帧，如图7-148所示。

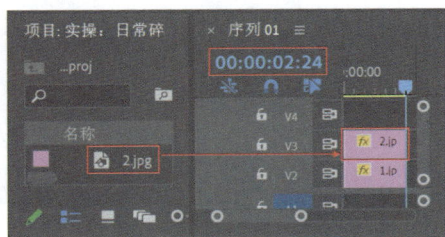

图7-148

步骤/11 此时，画面效果如图7-149所示。

图7-149

步骤/12 选择V2轨道的"2.jpg"素材，在【效果控件】面板中展开【运动】卷展栏，设置【位置】为（894.2,689.1），【缩放】为27.0，如图7-150所示。

图7-150

步骤/13 此时，画面效果如图7-151所示。

图7-151

步骤/14 选择V2轨道的"2jpg"，在【效果控件】面板中展开【不透明度】卷展栏，单击■（创建4点多边形蒙版）按钮，然后在【节目监视器】面板中调整蒙版的位置和形状，将时间线滑动至20帧位置，接着在【效果控件】面板中单击【不透明度】前方的 （切换动画）按钮，创建关键帧，设置【不透明度】为0.0%，接着将时间线滑动至1秒05帧位置，设置【不透明度】为100.0%，如图7-152所示。

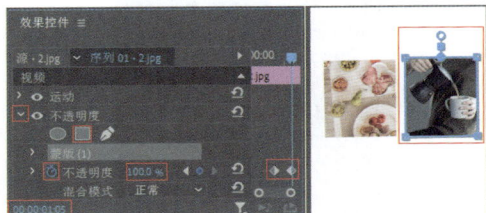

图7-152

步骤/15 继续使用同样方法制作素材3。此时，滑动时间线时呈现的画面效果如图7-153所示。

143

图7-153

步骤/16 将时间线滑动至起始位置，单击【工具】面板中的 T（文字工具）按钮，然后在【节目监视器】面板底部合适位置单击并输入文字，如图7-154所示。

图7-154

步骤/17 选中V5轨道的文字图层，在【效果控件】面板中展开【文本/源文本】卷展栏，设置合适的字体系列和字体样式，设置【字体大小】为125，【填充颜色】为白色，接着展开【变换】卷展栏，设置【位置】为（148.0,778.9），如图7-155所示。

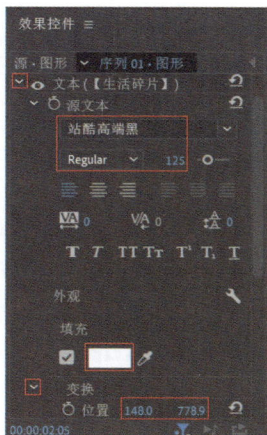

图7-155

步骤/18 此时，画面效果如图7-156所示。

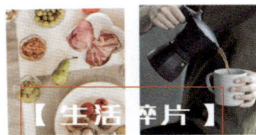

图7-156

步骤/19 单击【工具】面板中的 T（文字工具）按钮，然后在【节目监视器】面板中选中文字"生活碎片"，接着在【效果控件】面板中更改【填充颜色】为黄色，如图7-157所示。

图7-157

步骤/20 继续使用同样方法在文字图层被选中状态下制作其他文字。此时，画面效果如图7-158所示。

图7-158

步骤21 在【效果】面板中搜索【块溶解】效果，并将该效果拖曳到V5轨道的文字图层上，如图7-159所示。

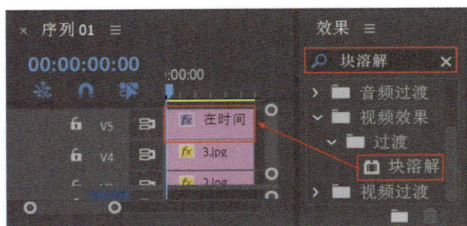

图7-159

步骤22 选中V5轨道的文字图层，将时间线滑动至1秒21帧位置，在【效果控件】面板中展开【块溶解】效果，单击【过渡完成】前方的（切换动画）按钮，设置【过渡完成】为100%，将时间线滑动至2秒11帧位置，设置【过渡完成】为0.0，如图7-160所示。

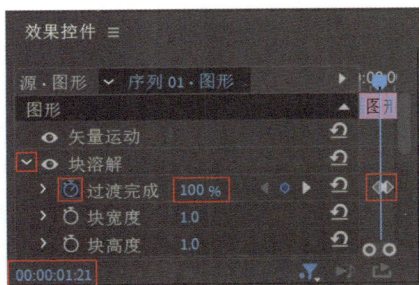

图7-160

步骤23 此时，滑动时间线时呈现的画面效果如图7-161所示。

图7-161

步骤24 将时间线滑动至3秒位置，将【项目】面板中的"4.jpg"和"5.jpg"素材拖曳到【时间轴】面板V2轨道3秒位置处，如图7-162所示。

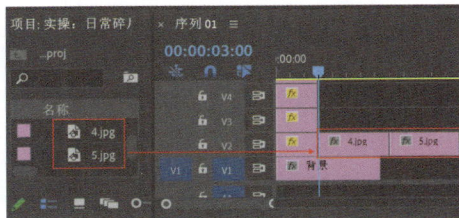

图7-162

步骤25 在【时间轴】面板中，选中V2轨道的"4.jpg"和"5.jpg"素材，右击并在弹出的快捷菜单中选择【速度/持续时间】命令，在弹出的【剪辑速度/持续时间】窗口中，设置【持续时间】为1秒10帧，接着选中【波纹编辑，移动尾部剪辑】复选框，然后单击【确定】按钮，如图7-163所示。

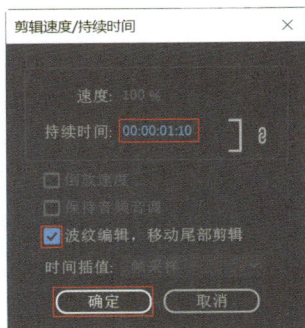

图7-163

步骤26 将【项目】面板中的"6.jpg"素材拖曳到V2轨道5秒20帧位置，如图7-164所示。

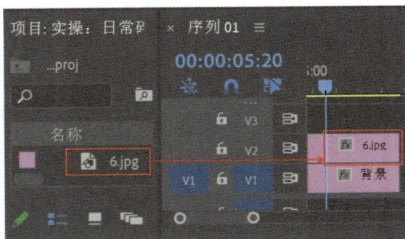

图7-164

步骤27 在【时间轴】面板中依次选中V2轨道的"4.jpg""5.jpg""6.jpg"素材，在【效果控件】面板中分别设置【缩放】为60.0、47.0和27.0，如图7-165所示。

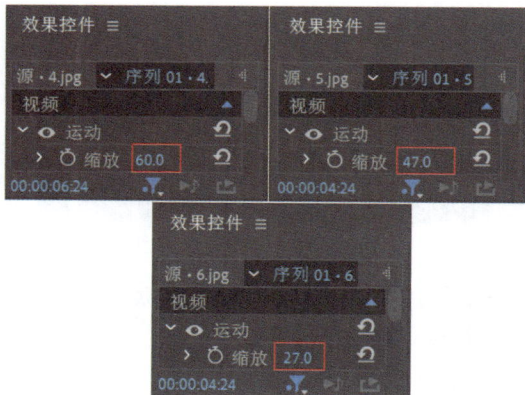

图7-165

步骤/28 在【效果】面板中搜索【白场】效果，并将该效果依次拖曳到V2轨道"4.jpg""5.jpg""6.jpg"素材的起始位置，如图7-166所示。

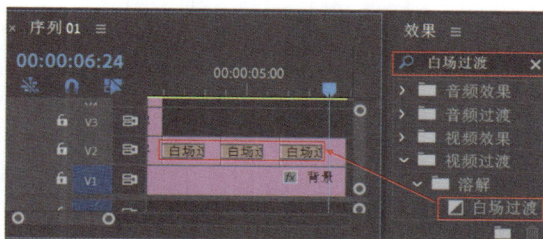

图7-166

步骤/29 此时，滑动时间线时呈现的画面效果如图7-167所示。

图7-167

步骤/30 将时间线滑动至3秒位置，单击【工具】面板中的 **T**（文字工具）按钮，然后在【节目监视器】面板底部合适位置单击并输入文字。选中V3轨道的文字图层，在【效果控件】

面板中展开【文本/源文本】卷展栏，设置合适的字体系列和字体样式，设置【字体大小】为125，【填充颜色】为黄色，接着展开【变换】卷展栏，设置【位置】为（41.9，212.5），如图7-168所示。

图7-168

步骤/31 单击【工具】面板中的 **T**（文字工具）按钮，然后在【节目监视器】面板中选中文字"生活碎片"，接着在【效果控件】面板中更改【填充颜色】为灰色，如图7-169所示。

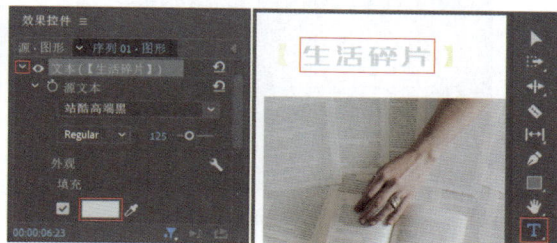

图7-169

步骤/32 继续在文字图层被选中状态下，使用同样方法在画面底部合适位置输入文字，如图7-170所示。

图7-170

步骤/33　在【时间轴】面板中设置V3轨道文字图层的结束时间为7秒10帧，如图7-171所示。

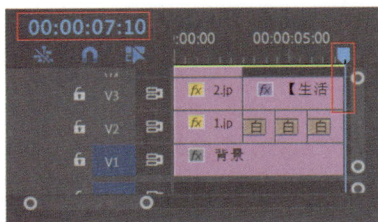

图7-171

步骤/34　选中V3轨道的文字图层，将时间线滑动至3秒位置，在【效果控件】面板中展开【矢量运动】卷展栏，单击【位置】前方的◎（切换动画）按钮，设置【位置】为（-274.0，960.0），将时间线滑动至3秒15帧位置，设置【位置】为（540.0,960.0），如图7-172所示。

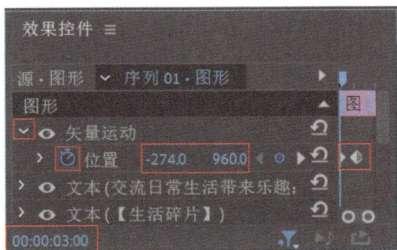

图7-172

步骤/35　此时，本案例制作完成，滑动时间线时呈现的画面效果如图7-173所示。

图7-173

7.5 实操：制作古风相册

7.5.1　设计思路

案例类型：

本案例是一个古风文化传播类短视频设计。实现效果截图如图7-174所示。

图7-174

项目诉求：

本项目旨在通过古风文化传播类短视频的设计，深度挖掘并传播中国传统文化的精髓，特别是聚焦于古风服饰、礼仪等元素的展示。通过这一部作品，可以激发观众对古风文化的兴趣与向往，促进文化认同与情感共鸣。为了实现其独特的古风文化形象，将注重视频内容的视觉美感与情感共鸣，力求在视觉与情感双重层面上打动观众，并鼓励他们积极参与互动，共同推动古风文化的传播与发展。

设计定位：

为了打造一款集视觉享受与情感共鸣于一体的古风文化传播类短视频。在视觉风格上，我们追求古典与现代相融合的美学理念，运用鲜明的色彩搭配，呈现出既古典又高雅的视觉效果。同时，注重场景布置与服饰造型的精致度，以展现古风文化的独特魅力。在情感表达上，我们深入挖掘人物之间的情感联系，通过对细腻的表情与动作捕捉，以及简洁而富有深意的情节设计，触动观众的心弦，引发情感共鸣。

7.5.2　配色方案

本案例以红色、金色和蓝色为主色调，搭配精美的图案和装饰，形成鲜明的视觉对比和层次感。鲜艳的色彩与精致的色彩相互映衬，增强作品的艺术感染力。

主色：

深红色作为主色，既符合传统服饰所蕴含的神秘与古老氛围，又能凸显女性角色的庄重与专注。深红色能够作为画面的主导色彩，为整体风格定下基调。本案例的主色示例如图7-175所示。

图7-175

辅助色：

金色作为辅助色，能够增添奢华与高贵感，与深红色相得益彰，共同营造出一种高贵而庄重的氛围。辅助色和主色的对比如图7-176所示。

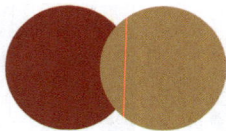

图7-176

点缀色：

蓝色作为点缀色，用于服饰上的小面积装饰、手持物品的颜色或是背景中的某个元素，以突出画面中的亮点，增加层次感。在神秘与古老的基调下，蓝色能够带来一丝清新与宁静，使画面更加和谐统一。加上点缀色的示例如图7-177所示。

图7-177

7.5.3　项目实战

步骤／01　首先在软件中新建一个【项目】。在菜单栏中选择【文件】|【导入】命令，在弹出的【导入】对话框（见图7-178）中选中所有素材，然后单击【打开】按钮，导入所有素材。

图7-178

步骤／02　将【项目】面板中的"1.png"素材拖曳到【时间轴】面板中，如图7-179所示。此时，在【项目】面板中自动生成一个与素材等大的序列。

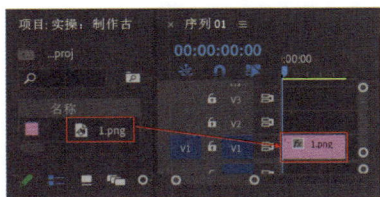

图7-179

步骤／03　将时间线滑动至1秒13帧位置，在【时间轴】面板中设置"1.png"素材的结束时间为1秒13帧，如图7-180所示。

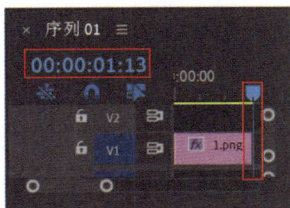

图7-180

步骤／04　此时，画面效果如图7-181所示。

步骤／05　在【效果】面板中搜索【高斯模糊】效果，并将该效果拖曳到V1轨道"1.png"素材上，如图7-182所示。

图7-181

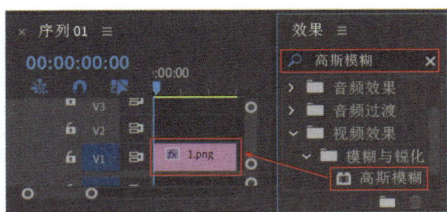

图7-182

步骤／06　选择V1轨道的"1.png"素材，在【效果控件】面板中展开【高斯模糊】效果，设置【模糊度】为76.0，如图7-183所示。

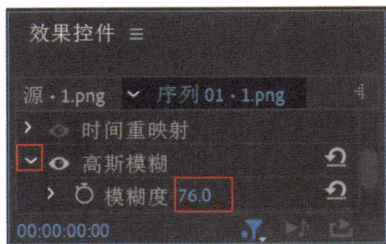

图7-183

步骤／07　此时，画面效果如图7-184所示。

图7-184

步骤/08 将时间线滑动至起始位置，在不选中任何图层状态下，单击【工具】面板中的 ▣（矩形工具）按钮，然后在【节目监视器】面板中绘制一个矩形并选中矩形，在【效果控件】面板中展开【形状/外观】卷展栏，取消选中【填充】复选框，选中【描边】复选框，设置【描边颜色】为白色，【描边宽度】为28.0，【描边类型】为外侧，接着展开【变换】，设置【位置】为（510.5，509.5），【锚点】为（372.5，371.5），如图7-185所示。

图7-185

步骤/09 将【项目】面板中的"1.png"素材拖曳到V3轨道上，如图7-186所示。

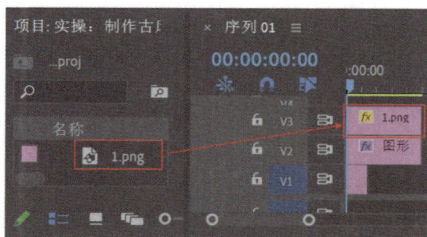

图7-186

步骤/10 选择V3轨道的"1.png"素材，在【效果控件】面板中展开【运动】卷展栏，设置【缩放】为72.0，如图7-187所示。

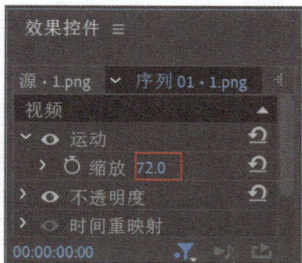

图7-187

步骤/11 此时，画面效果如图7-188所示。

图7-188

步骤/12 在【时间轴】面板中选择V2和V3轨道，右击并在弹出的快捷菜单中选择【嵌套】命令，如图7-189所示。然后在弹出的对话框中设置【名称】为1。

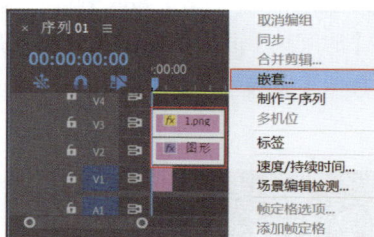

图7-189

步骤/13 将时间线滑动至1秒13位置，在【时间轴】面板中设置嵌套序列1的结束时间为1秒13帧，如图7-190所示。

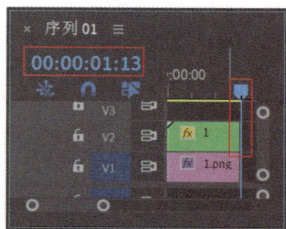

图7-190

步骤/14 选中V2轨道的嵌套序列1，将时间线滑动至起始位置，在【效果控件】面板中展开【运动】卷展栏，单击【位置】和【缩放】前方的 ▣（切换动画）按钮，设置【位置】为（1711.0，512.0），【缩放】为144.0，将时间线滑动至10帧位置处，设置【位置】为（512.0，

512.0），【缩放】为10.0，如图7-191所示。

图7-191

步骤/15 此时，滑动时间线时呈现的画面效果如图7-192所示。

图7-192

步骤/16 将【项目】面板中的"2.png"素材拖曳到【时间轴】面板中V1轨道"1.png"素材的后方，并设置结束时间为3秒20帧，如图7-193所示。

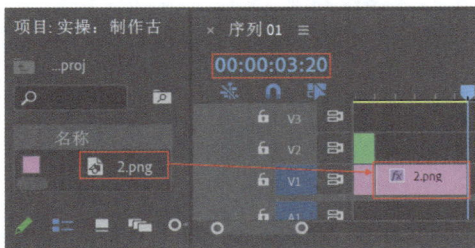

图7-193

步骤/17 在【效果】面板中搜索【油漆飞溅】效果，并将该效果拖曳到V1轨道"2.png"素材上，如图7-194所示。

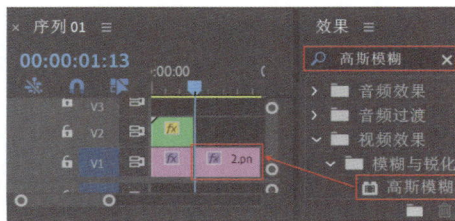

图7-194

步骤/18 选择V1轨道的"2.png"素材，在【效果控件】面板中展开【高斯模糊】卷展栏，设置【模糊度】为76.0，如图7-195所示。

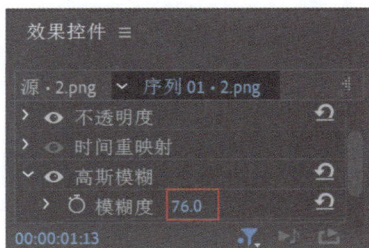

图7-195

步骤/19 此时，画面效果如图7-196所示。

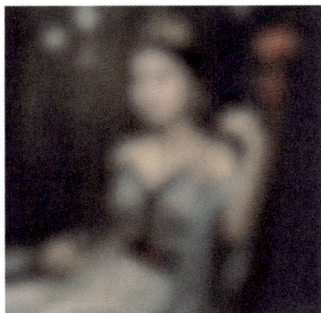

图7-196

步骤/20 将时间线滑动至1秒13帧位置，在不选中任何图层状态下，单击【工具】面板中的■（矩形工具）按钮，然后在【节目监视器】面板中绘制一个矩形并选中矩形，在【效果控件】面板中展开【形状/外观】卷展栏，取消选中【填充】复选框，选中【描边】复选框，设置【描边颜色】为白色，【描边宽度】为28.0，【描边类型】为外侧，接着展开【变换】卷展栏，设置【位置】为（510.5，509.5），【锚点】为（372.5，371.5），如图7-197所示。

图7-197

步骤/21 将【项目】面板中的"2.png"素材拖曳到V3轨道1秒13位置处，如图7-198所示。

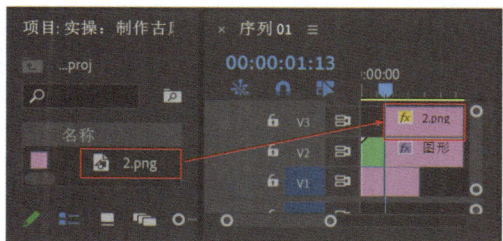

图7-198

步骤/22 选择V3轨道的"2.png"素材，在【效果控件】面板中展开【运动】卷展栏，设置【缩放】为72.0，如图7-199所示。

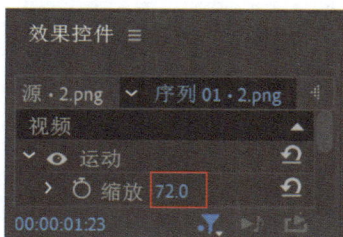

图7-199

步骤/23 此时，画面效果如图7-200所示。

图7-200

步骤/24 在【时间轴】面板中选择V2和V3轨道上的图形及素材，右击并在弹出的快捷菜单中选择【嵌套】命令，如图7-201所示。然后在弹出的对话框中设置【名称】为2。

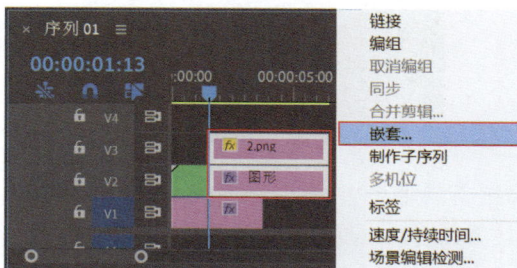

图7-201

步骤/25 将时间线滑动至3秒20帧位置处，在【时间轴】面板中设置嵌套序列2的结束时间为3秒20帧，如图7-202所示。

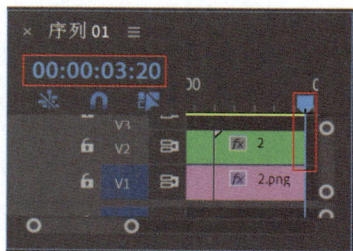

图7-202

步骤/26 在【效果】面板中搜索【推】效果，并将该效果拖曳到V2轨道嵌套序列2的起始位置，如图7-203所示。

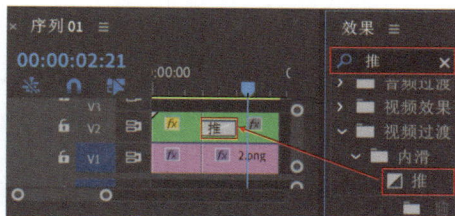

图7-203

步骤/27 此时，滑动时间线时呈现的画面效果如图7-204所示。

步骤/28 将【项目】面板中的"3.png"素材拖曳到V1轨道上"2.png"素材的后方，如图7-205所示。

图7-204

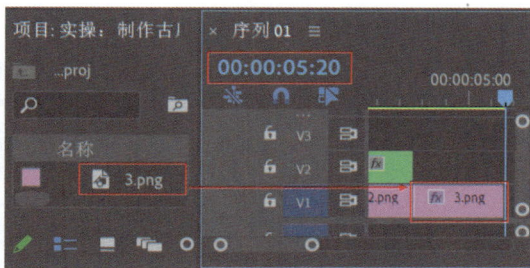

图7-205

步骤/29 在【效果】面板中搜索【高斯模糊】效果,并将该效果拖曳到V1轨道"3.png"素材上,如图7-206所示。

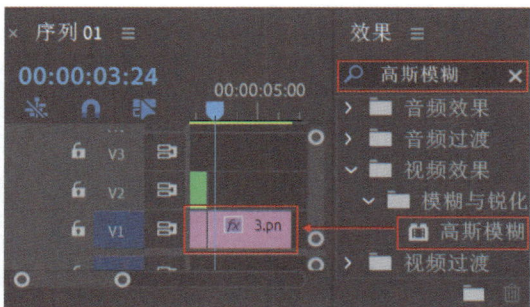

图7-206

步骤/30 选择V1轨道的"3.png"素材,在【效果控件】面板中展开【高斯模糊】效果,设置【模糊度】为76.0,如图7-207所示。

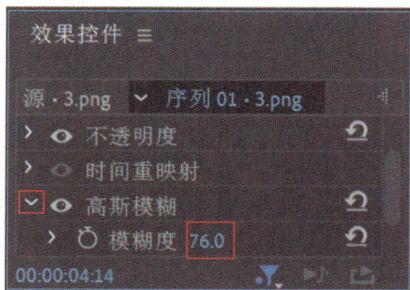

图7-207

步骤/31 此时,画面效果如图7-208所示。

图7-208

步骤/32 将时间线滑动至3秒20帧位置,在不选中任何图层状态下,单击【工具】面板中的 ■ (矩形工具)按钮,然后在【节目监视器】面板中绘制一个矩形并选中矩形,在【效果控件】面板中展开【形状/外观】卷展栏,取消选中【填充】复选框,选中【描边】复选框,设置【描边颜色】为白色,【描边宽度】为28.0,【描边类型】为外侧,接着展开【变换】卷展栏,设置【位置】为(510.5,509.5),【锚点】为(372.5,371.5),如图7-209所示。

图7-209

步骤／33 将【项目】面板中的"3.png"素材拖曳到V3轨道上3秒20帧位置处，如图7-210所示。

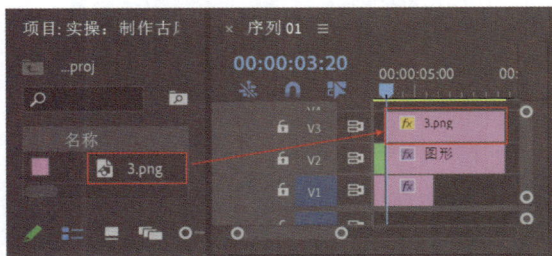

图7-210

步骤／34 选择V3轨道的"3.png"素材，在【效果控件】面板中展开【运动】卷展栏，设置【缩放】为72.0，如图7-211所示。

图7-211

步骤／35 此时，画面效果如图7-212所示。

图7-212

步骤／36 在【时间轴】面板中选择V2和V3轨道上的图形及素材，右击并在弹出的快捷菜

单中选择【嵌套】命令。然后在弹出的对话框中设置【名称】为3。将时间线滑动至5秒20帧位置处，在【时间轴】面板中设置嵌套序列3的结束时间为5秒20帧，如图7-213所示。

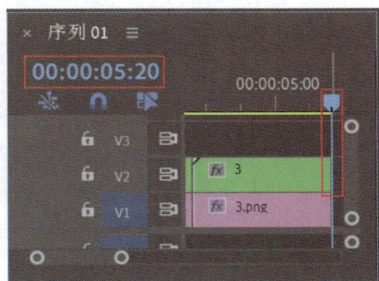

图7-213

步骤／37 在【效果】面板中搜索【推】效果，并将该效果拖曳到V2轨道嵌套序列3的起始位置，如图7-214所示。

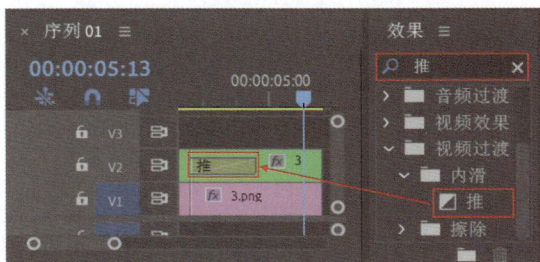

图7-214

步骤／38 继续使用同样方法制作其他素材及效果。此时，本案例制作完成，滑动时间线时呈现的画面效果如图7-215所示。

图7-215

7.6 实操：制作高级感人物影像

7.6.1 设计思路

案例类型：

本案例是一个人物与自然融合的主题摄影与视觉设计。实现效果截图如图7-216所示。

图7-216

项目诉求：

本项目通过深度挖掘并展现女性与自然环境之间的情感联系，强调人与自然和谐共生的理念，同时运用创新的视觉设计手法，提升作品的审美价值和审美价值。此外，项目还旨在通过这一视觉叙事，激发观众对自然之美的向往，促进对生命意义的思考，并可能促进品牌形象的塑造与传播，以实现情感共鸣、文化传播与品牌价值的共同提升。

设计定位：

本案例聚焦于展现女性与自然和谐共生的美好景象，采用清新自然、唯美细腻的视觉风格，通过多角度、多姿态的拍摄与细腻的情感表达，塑造立体饱满的人物形象，并巧妙融入品牌或主题元素，旨在触动目标受众的心灵，传递积极向上的生活态度和价值观。

7.6.2 配色方案

本案例以大海的蓝色为主色，营造深邃与自由感，辅以柔和的灰色增添稳重与宁静，白色作为点缀色，增强了画面的明亮度与清新感，整体色调和谐统一，强调自然与自由的主题。

主色：

深蓝色作为主色，不仅代表了大海的广阔与深邃，还能营造出一种神秘而宁静的氛围。它是整个画面中最主要的色彩，奠定了整体的基调。本案例的主色示例如图7-217所示。

图7-217

辅助色：

灰色用于表现背景中的岩石、人物阴影以及可能的海浪暗部等细节部分。它不仅能够帮助区分不同的元素，还能增强画面的层次感和深度。同时，灰色作为辅助色，与主色深蓝色形成和谐的过渡，使画面更加统一。辅助色和主色的对比如图7-218所示。

图7-218

点缀色：

白色作为点缀色，在深色背景中尤为醒目，能够吸引观众的注意力，同时与主色深蓝色形成鲜明对比，使画面更加突出。加上点缀色的示例如图7-219所示。

图7-219

7.6.3　项目实战

步骤／01　首先在软件中新建一个【项目】和【序列】。在菜单栏中选择【文件】|【导入】命令，在弹出的【导入】对话框（见图7-220）中选中所有素材，然后单击【打开】按钮，导入所有素材。

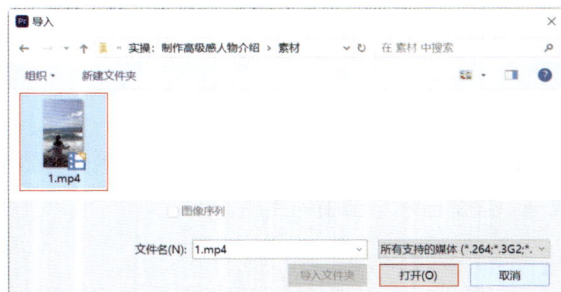

图7-220

步骤／02　将【项目】面板中的"1.mp4"素材拖曳到V1轨道上，如图7-221所示。

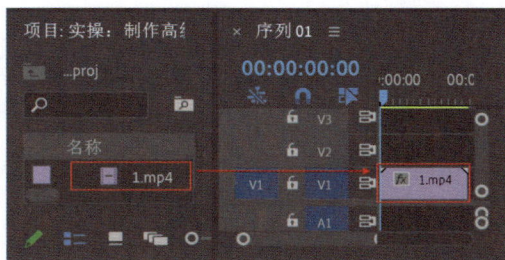

图7-221

步骤／03　选择V1轨道的"1.mp4"素材，在【效果控件】面板中展开【运动】卷展栏，设置【位置】为（959.0,24.0），【缩放】为178.0，如图7-222所示。

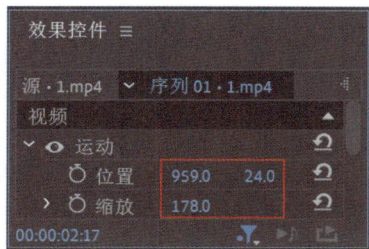

图7-222

步骤／04　　将时间线滑动至6秒04帧位置处，选中"1.mp4"素材，右击并在弹出的快捷菜单中选择【添加帧定格】命令，如图7-223所示。

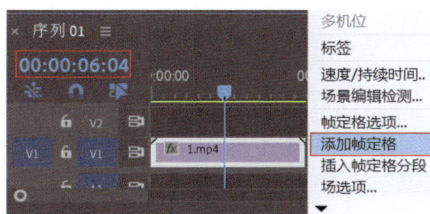

图7-223

步骤／05　　将时间线滑动至6秒04帧位置，单击【工具】面板中的 **T**（文字工具）按钮，然后在【节目监视器】面板底部合适位置单击并输入文字，如图7-224所示。

图7-224

步骤／06　　选中V2轨道的文字图层，在【效果控件】面板中展开【文本/源文本】卷展栏，设置合适的字体系列和字体样式，设置【字体大小】为322，接着单击 **T**（仿斜体）和 **TT**（全部大写字母）按钮，设置【填充颜色】为白色，接着选中【阴影】复选框，设置【阴影颜色】为深灰色，【不透明度】为75%，【角度】为132°，【距离】为23.4，【大小】为0.0，

【模糊】为0，接着展开【变换】卷展栏，设置【位置】为（-1.3,714.7），如图7-225所示。

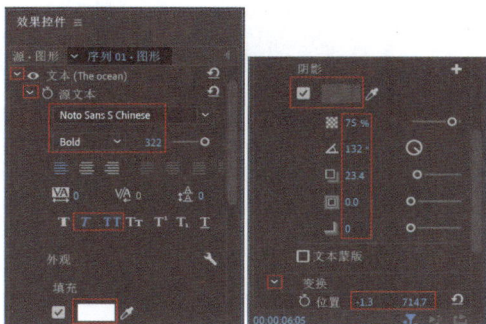

图7-225

步骤／07　　此时，画面效果如图7-226所示。

图7-226

步骤／08　　将时间线滑动至6秒04帧位置，在【时间轴】面板中选中V1轨道的"1.mp4"素材，按住Alt键的同时按住鼠标左键向V3轨道拖动，将其复制一份，如图7-227所示。

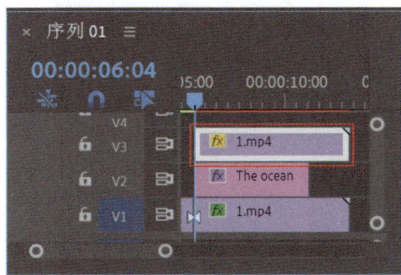

图7-227

步骤／09　　选择V3轨道的"1.mp4"素材，在【效果控件】面板中展开【不透明度】卷展栏，单击下方的 **◊**（自由贝塞尔曲线）按钮，接着在【节目监视器】面板中调整并沿着人物边

缘绘制蒙版，如图7-228所示。

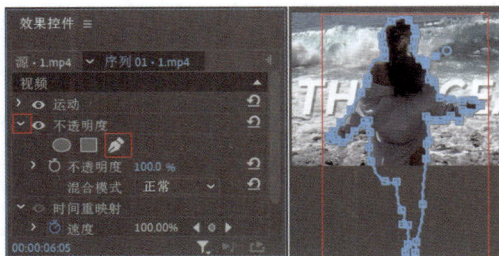

图7-228

步骤/10 在【效果】面板中搜索【颜色平衡】效果，并将该效果拖曳到V3轨道的"1.mp4"素材上，如图7-229所示。

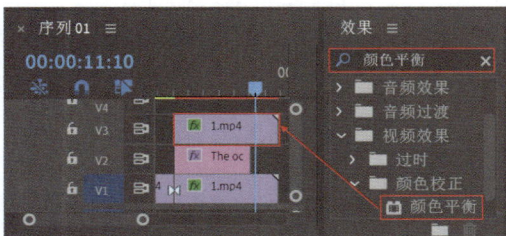

图7-229

步骤/11 选择V3轨道的"1.mp4"素材，在【效果控件】面板中展开【颜色平衡】效果，设置【阴影红色平衡】为-12.0，【阴影绿色平衡】为4.0，【中间调红色平衡】为9.0，【中间调绿色平衡】为-15.0，【中间调蓝色平衡】为1.0，如图7-230所示。

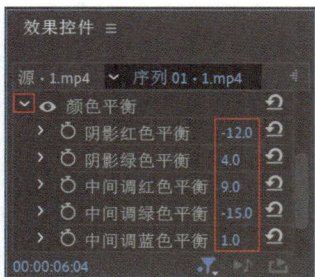

图7-230

步骤/12 此时，画面效果如图7-231所示。

步骤/13 在【项目】面板中的空白位置处，右击并在弹出的快捷菜单中选择【新建项目】|【黑场视频】命令，如图7-232所示。

图7-231

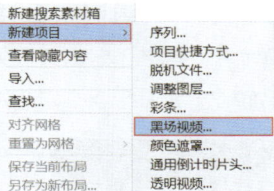

图7-232

步骤/14 将【项目】面板中的【黑场视频】拖曳到V5轨道5秒12帧位置处，如图7-233所示。

图7-233

步骤/15 在【效果】面板中搜索【网格】效果，并将该效果拖曳到V4轨道【黑场视频】上，如图7-234所示。

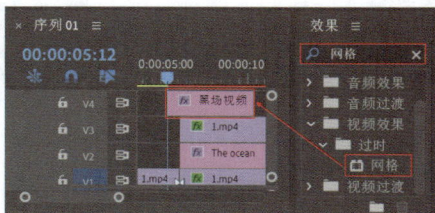

图7-234

步骤/16 选中V4轨道的【黑场视频】，在【效果控件】面板中展开【网格】卷展栏，设置【锚点】为（-1635.0，540.0），【边角】为（4253.0，2368.0），接着选中【反转网格】复选框，设置【颜色】为黑色，接着将时间线滑动至5

秒12帧位置，单击【边框】前方的 ⊙（切换动画）按钮，设置【边框】为1113.0，将时间线滑动至6秒05帧位置处，设置【边框】为938.0，如图7-235所示。

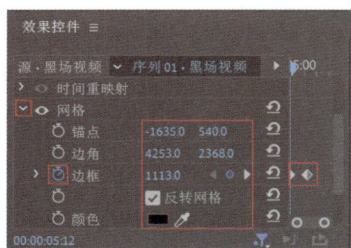

图7-235

　此时，本案例制作完成，滑动时间线时呈现的画面效果如图7-236所示。

图7-236

7.7 实操：制作寿司美食短视频

7.7.1　设计思路

案例类型：

本案例是一个寿司美食短视频项目。实现效果如图7-237所示。

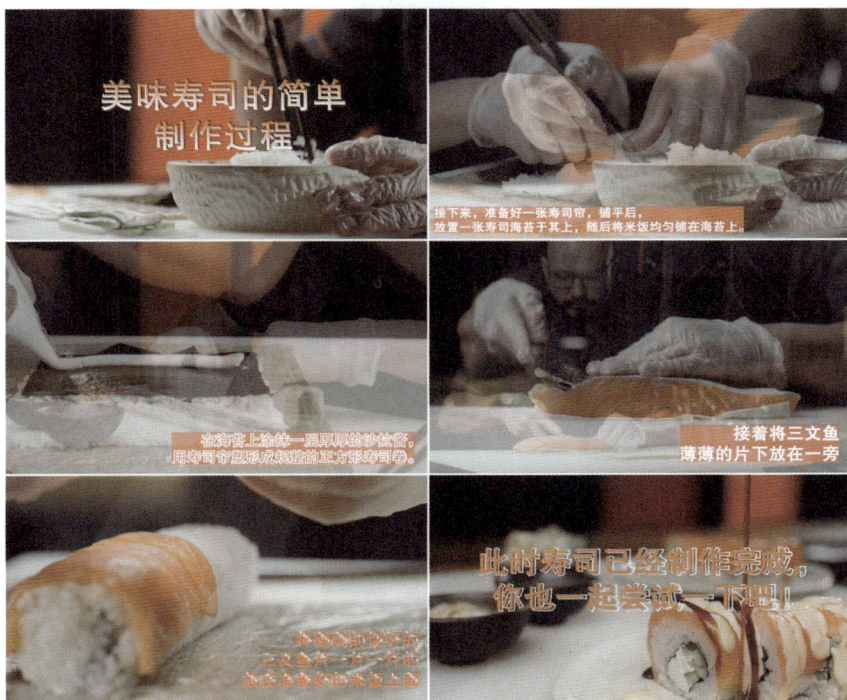

图7-237

项目诉求：

在当今追求健康与美味的饮食潮流中，寿司以其独特的口感、丰富的营养搭配和精致的外观，成为了众多美食爱好者心目中的宠儿。为了传承与创新寿司文化，同时满足广大食客对新鲜美食体验的追求，我们特别推出"创意寿司工作坊体验项目"。本项目旨在通过一系列互动性强、创意十足的活动，让参与者亲手体验寿司制作的乐趣，激发他们对美食的热爱与创造力。

设计定位：

本案例旨在吸引美食爱好者、文化追求者及年轻消费者，通过温馨精致的视觉风格展现寿司独具匠心的制作，深入挖掘并传达寿司文化的内涵，旨在构建一个集美食享受、文化体验与社交互动于一体的内容平台，以满足目标受众对品质生活与美食文化的追求。

7.7.2　配色方案

本案例以黑白配色，与温暖的橙色巧妙结合，创造出一种既简约又不失活力的美食视觉效果。黑色背景的高雅与神秘感，白色食材的清新与纯净感，以及橙色点缀的活力与温暖感相互交织，共同构建出一个令人赏心悦目的美食作品。

主色：

黑色作为主色，能够营造出专业、沉稳的氛围，与寿司制作这一精细工艺相契合。本案例的主色示例如图7-238所示。

图7-238

辅助色：

白色作为辅助色，能够提亮整体画面，增加清新感，与黑色的主色形成鲜明对比，使画面更加生动。辅助色和主色的对比如图7-239所示。

图7-239

点缀色：

橙色作为点缀色，能够吸引眼球，突出寿司的主要食材（生鱼片）的新鲜与美味。同时，橙色也具有一定的活力感，能够增加画面的趣味性。加上点缀色的示例如图7-240所示。

图7-240

7.7.3 项目实战

步骤/01 首先在软件中新建一个【项目】。在菜单栏中选择【文件】|【导入】命令，在弹出的【导入】对话框（见图7-241）中选中所有素材，然后单击【打开】按钮，导入所有素材。

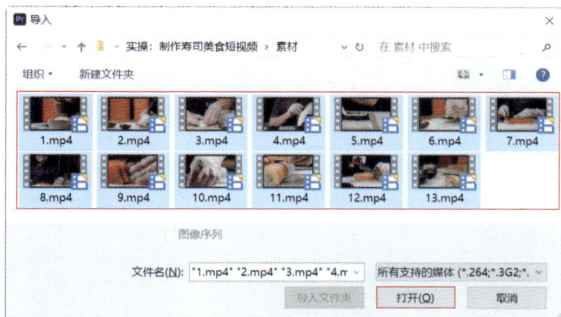

图7-241

步骤/02 将【项目】面板中的"1.mp4"素材拖曳到【时间轴】面板中，如图7-242所示。此时在【项目】面板中自动生成一个与素材等大的序列。

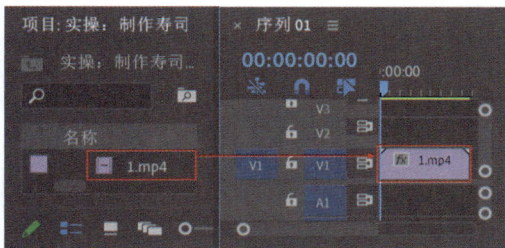

图7-242

步骤/03 将时间线滑动至7秒24帧位置处，使用快捷键Ctrl+K将素材进行剪辑分割，如图7-243所示。接着选中时间线后方的素材，按Delete键删除。

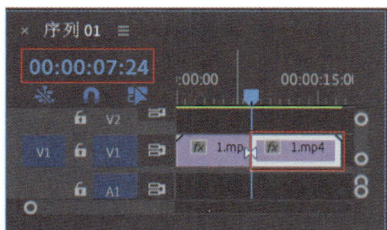

图7-243

步骤/04 此时，画面效果如图7-244所示。

图7-244

步骤/05 将【项目】面板中的"3.mp4"素材拖曳到V1轨道"1.mp4"素材的后方，如图7-245所示。

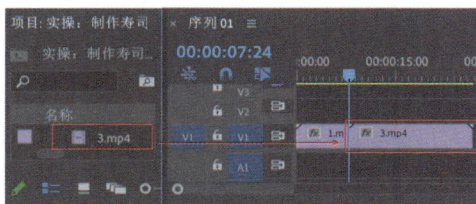

图7-245

步骤/06 将时间线滑动至10秒24帧位置处，将光标定位到素材"3.mp4"的结束位置，按住鼠标左键向10秒24帧位置拖动，设置"3.mp4"的结束时间为10秒24帧，如图7-246所示。

图7-246

步骤/07 此时，画面效果如图7-247所示。

图7-247

步骤/08 将【项目】面板中的"2.mp4"素材拖曳到V1轨道"3.mp4"素材的后方，如图7-248所示。

图7-248

步骤/09 将时间线滑动至14秒位置处，使用快捷键Ctrl+K将素材进行剪辑分割，如图7-249所示。接着选中时间线后方的素材，按Delete键删除。

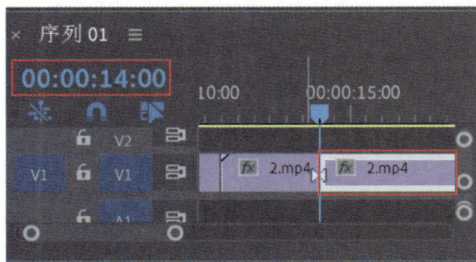

图7-249

步骤/10 此时，画面效果如图7-250所示。

图7-250

步骤/11 继续使用同样方法将其他素材导入到【时间轴】面板中，并设置合适的持续时间。此时，滑动时间线画面效果如图7-251所示。

步骤/12 在【效果】面板中搜索【交叉溶解】效果，并将该效果拖曳到V2轨道"1.mp4"的起始位置，如图7-252所示。

图7-251

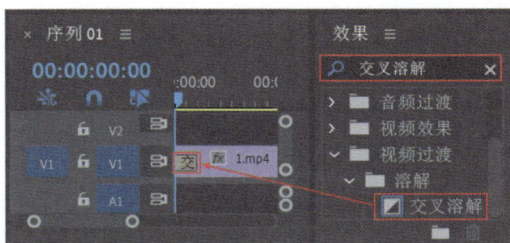

图7-252

步骤/13 此时，滑动时间线时呈现的画面效果如图7-253所示。

图7-253

步骤/14 在【效果】面板中搜索【交叉溶解】效果，并将该效果拖曳到V1轨道"3.mp4"的起始位置，如图7-254所示。

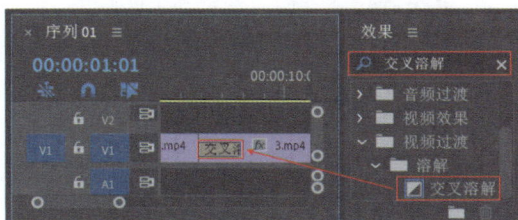

图7-254

步骤／15 此时，滑动时间线时呈现的画面效果如图7-255所示。

图7-255

步骤／16 继续使用同样方法在其他素材的起始位置添加【交叉溶解】效果，如图7-256所示。

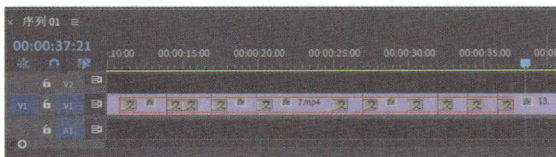

图7-256

步骤／17 此时，滑动时间线时呈现的画面效果如图7-257所示。

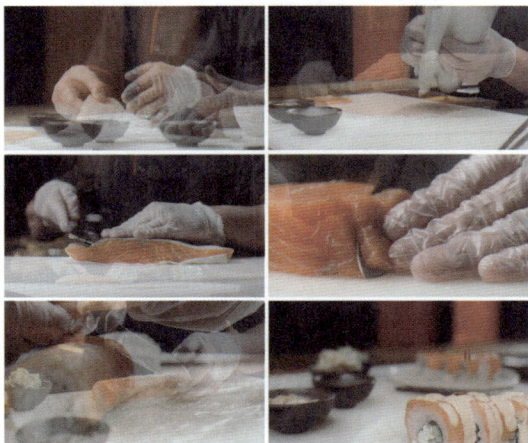

图7-257

步骤／18 将时间线滑动至起始位置，单击【工具】面板中的 T（文字工具）按钮，然后在【节目监视器】面板底部合适位置单击并输入文字，如图7-258所示。

图7-258

步骤／19 将时间线滑动至3秒位置，设置V2轨道文字图层的结束时间为3秒，如图7-259所示。

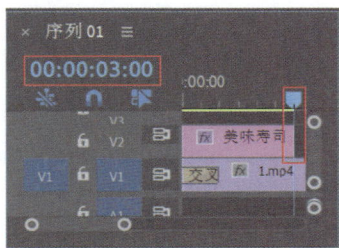

图7-259

步骤／20 在【效果控件】面板中展开【文本/源文本】卷展栏，设置合适的字体系列和字体样式，设置【字体大小】为157，单击下方的 T（仿粗体）按钮，接着单击【填充颜色】色标，如图7-260所示。

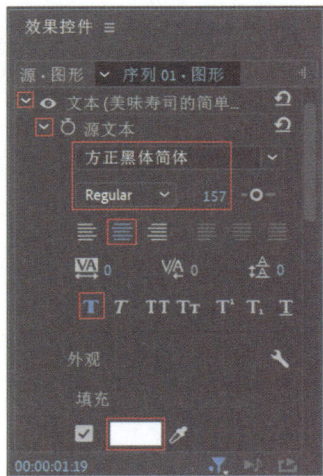

图7-260

步骤／21 在弹出的【拾色器】对话框中设置【填充选项】为线性渐变，接着编辑一个橙色到白色的渐变颜色，然后单击【确定】按钮，如图7-261所示。

图7-261

步骤／22 接着选中【阴影】复选框，设置【阴影颜色】为深灰色，【不透明度】为75%，【角度】为135°，【距离】为7.0，【大小】为0.0，【模糊】为40，接着展开【变换】卷展栏，设置【位置】为（996.0，456.0），如图7-262所示。

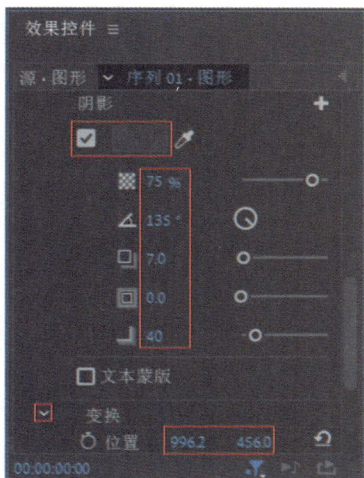

图7-262

步骤／23 此时，画面效果如图7-263所示。

步骤／24 在【效果】面板中搜索【彩色浮雕】效果，并将该效果拖曳到V2轨道的文字图层，如图7-264所示。

图7-263

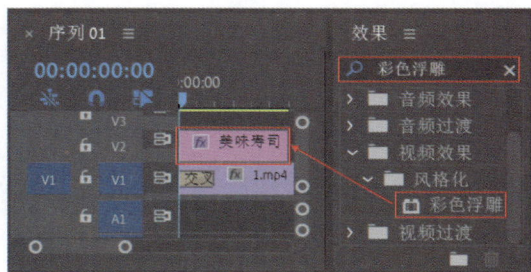

图7-264

步骤／25 选择V2轨道的文字图层，在【效果控件】面板中展开【彩色浮雕】效果，设置【起伏】为4.10，如图7-265所示。

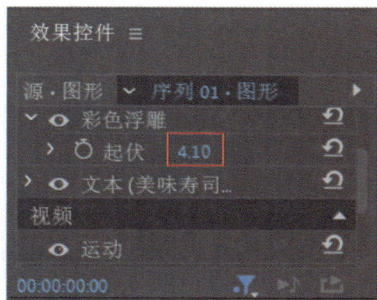

图7-265

步骤／26 此时，画面效果如图7-266所示。

图7-266

步骤／27 在【效果】面板中搜索【块溶

解】效果，并将该效果拖曳到V2轨道的文字图层，如图7-267所示。

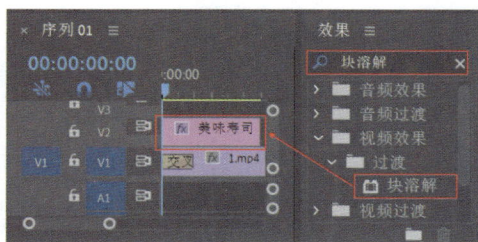

图7-267

步骤/28 选中V2轨道的文字图层，将时间线滑动至起始位置，在【效果控件】面板中展开【块溶解】效果，单击【过渡完成】前方的█（切换动画）按钮，设置【过渡完成】为100%，将时间线滑动至10帧位置，设置【缩放】为0，如图7-268所示。

图7-268

步骤/29 此时，滑动时间线时呈现的画面效果如图7-269所示。

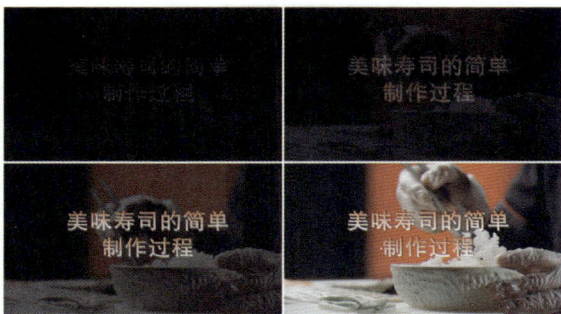

图7-269

步骤/30 将时间线滑动至3秒位置，单击【工具】面板中的█（文字工具）按钮，然后在【节目监视器】面板底部合适位置单击并

输入文字。选中V2轨道3秒位置的文字图层，在【效果控件】面板中展开【文本/源文本】卷展栏，设置合适的字体系列和字体样式，设置【字体大小】为65，设置【填充颜色】为白色，选中【背景】复选框，设置【背景颜色】为橙色，接着展开【变换】卷展栏，设置【位置】为（59.9,928.0），如图7-270所示。

图7-270

步骤/31 将时间线滑动至7秒24帧位置，单击【工具】面板中的█（文字工具）按钮，然后在【节目监视器】面板底部合适位置单击并输入文字。选中V3轨道的文字图层，在【效果控件】面板中展开【文本/源文本】，设置合适的字体系列和字体样式，设置【字体大小】为56，设置【填充颜色】为白色，选中【背景】复选框，设置【背景颜色】为橙色，接着展开【变换】卷展栏，设置【位置】为（19.7,976.0），如图7-271所示。

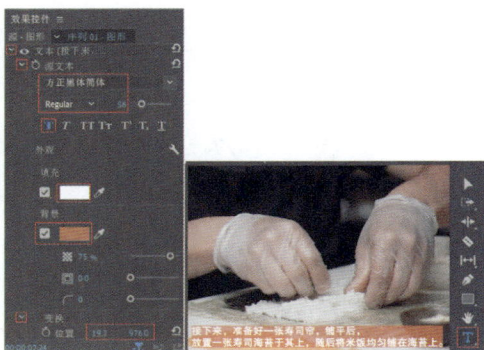

图7-271

步骤/32 将时间线滑动至10秒24帧位置处，在【时间轴】面板中设置文字图层的结束时

间为10秒24帧，如图7-272所示。

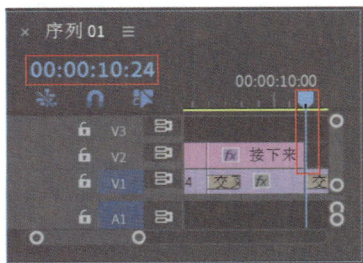

图7-272

步骤/33 继续使用同样方法制作其他文字。此时，本案例制作完成，滑动时间线时呈现的画面效果如图7-273所示。

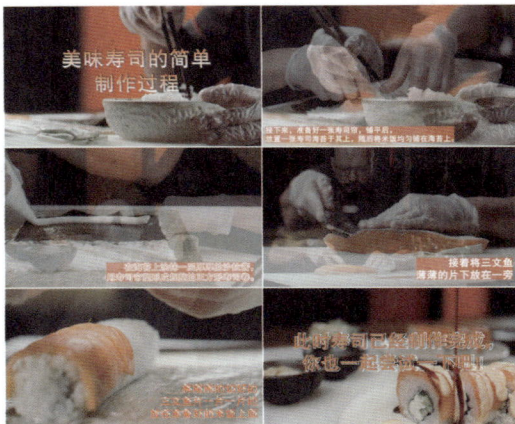

图7-273

7.8 实操：制作旅行短视频

7.8.1 设计思路

案例类型：

本案例是一个以旅行为主题的短视频项目，如图7-274所示。

图7-274

项目诉求：

本项目旨在通过视觉与情感的双重引导，带领观众体验一场跨越不同地域、感受多样风光的虚拟旅行。通过精心挑选的画面、流畅的转场以及富有深意的文字，营造出一种身临其境的旅行氛围，激发观众对旅行的向往和探索欲。

设计定位：

本案例聚焦于打造一款以旅行为核心的短视频，采用清新自然、层次分明的视觉风格，结合富有感染力的情感表达和精心策划的内容，旨在通过高质量的视觉呈现，传达旅行的魅力和意义，同时注重与观众的情感共鸣和互动体验，以实现文化传播、品牌塑造及观众参与度的提升。

7.8.2 配色方案

本案例采用清新、自然、富有层次感的视觉风格，通过高质量的摄影和后期处理，展现旅行地的真实美感和独特韵味。同时，注重色彩搭配和光影效果，营造出温馨、舒适、引人入胜的视觉体验。

主色：

绿色象征着自然、生机与和平，与旅行中探索自然、享受宁静的氛围相契合。同时，绿色也是大自然中最常见的颜色之一，能够引发观众对自然风光的向往和联想。本案例的主色示例如图7-275所示。

图7-275

辅助色：

棕色作为辅助色，可以增添画面的稳重感和真实感，使观众更容易沉浸在旅行所带来的自然体验中。同时，棕色与绿色的搭配也显得和谐而自然，有助于营造出一种宁静而深远的氛围。辅助色和主色的对比如图7-276所示。

图7-276

点缀色：

白色代表纯净、简洁与高雅，与绿色和橙色的背景形成鲜明对比，使文字更加突出、易读。同时，白色也是一种中性的色彩，能够与多种颜色和谐搭配，不会显得突兀。加上点缀色的示例如图7-277所示。

图7-277

7.8.3　项目实战

步骤/01　首先在软件中新建一个【项目】。在菜单栏中选择【文件】|【导入】命令，在弹出的【导入】对话框（见图7-278）中选中所有素材，然后单击【打开】按钮，导入所有素材。

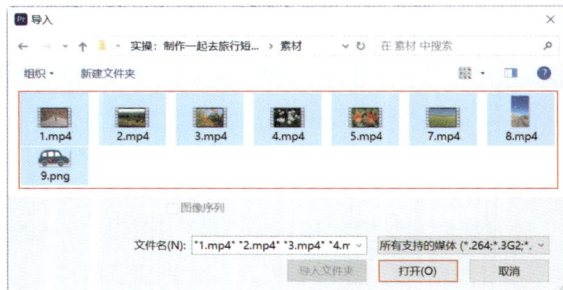

图7-278

步骤/02　将【项目】面板中的"1.mp4"素材拖曳到【时间轴】面板中，如图7-279所示。此时，在【项目】面板中自动生成一个与素材等大的序列。

图7-279

步骤/03　在【时间轴】面板中按住Alt键的同时，单击选中A1轨道的音频素材，按Delete键将其删除，如图7-280所示。

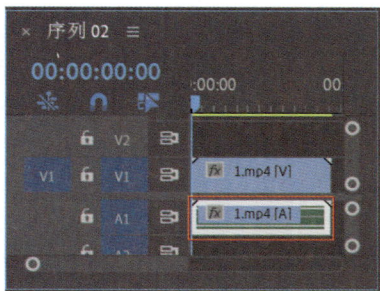

图7-280

步骤/04　在【时间轴】面板中，选中V1轨道的"1.mp4"素材，右击并在弹出的快捷菜单中选择【速度/持续时间】命令，如图7-281所示。

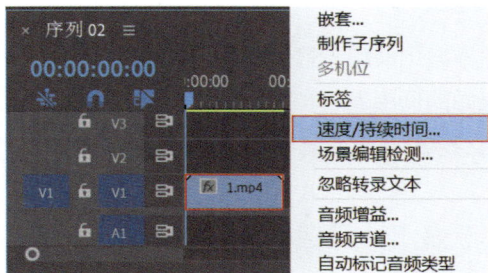

图7-281

步骤/05　在弹出的【剪辑速度/持续时间】对话框中，设置【速度】为500%，单击【确定】按钮，如图7-282所示。

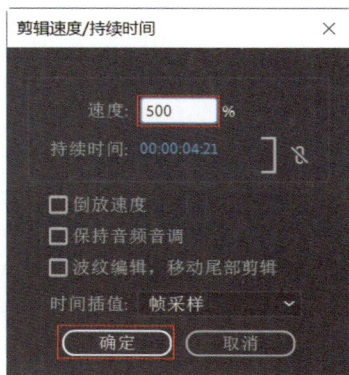

图7-282

步骤/06　将时间线滑动至1秒20帧位置处，使用快捷键Ctrl+K将素材进行剪辑分割，如图7-283所示。接着选中时间线后方的素材，按Delete键删除。

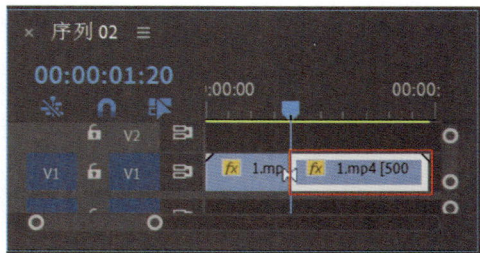

图7-283

步骤/07　此时，画面效果如图7-284所示。

图7-284

步骤/08　将【项目】面板中的"2.mp4"素材拖曳到V1轨道"1.mp4"素材的后方，如图7-285所示。

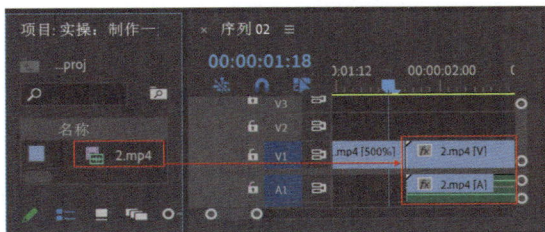

图7-285

步骤/09　在【时间轴】面板中，按住Alt键的同时，单击选中"2.mp4"素材A1轨道的音频素材，按Delete键将其删除，如图7-286所示。

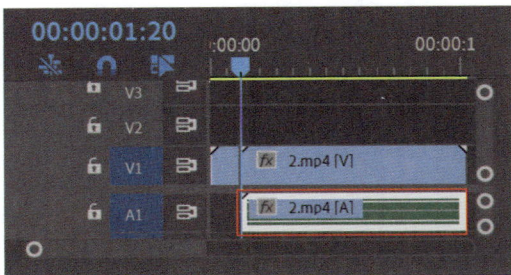

图7-286

步骤/10　将时间线滑动至2秒10帧位置，使用快捷键Ctrl+K将素材进行剪辑分割，如图7-287所示。接着选中时间线后方的素材，按Delete键删除。

步骤/11　此时，画面效果如图7-288所示。

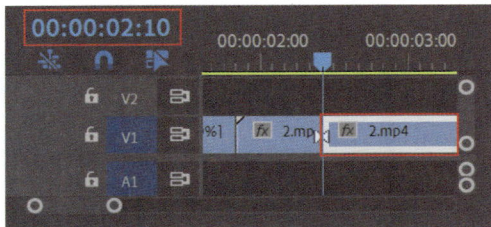

图7-287

图7-288

步骤/12　将【项目】面板中的"3.mp4"素材拖曳到V1轨道"2.mp4"素材的后方，如图7-289所示。

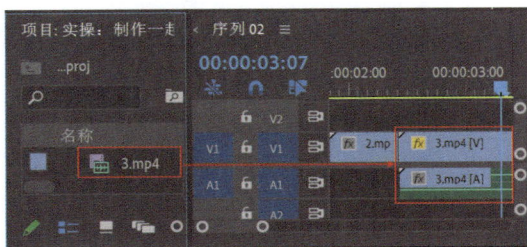

图7-289

步骤/13　在【时间轴】面板中，按住Alt键的同时，单击选中"3.mp4"素材A1轨道的音频素材，按Delete键将其删除，如图7-290所示。

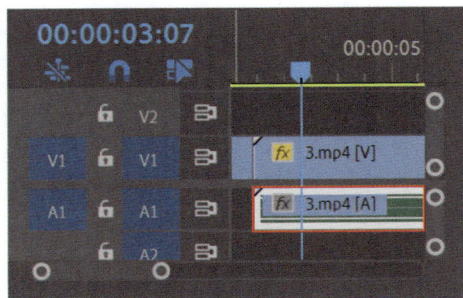

图7-290

步骤/14　将时间线滑动至3秒10帧位置

处，使用快捷键Ctrl+K将素材进行剪辑分割，如图7-291所示。接着选中时间线后方的素材，按Delete键删除。

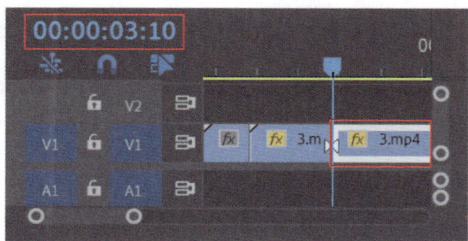

图7-291

步骤/15 选择V1轨道的"3.mp4"素材，在【效果控件】面板中展开【运动】卷展栏，设置【缩放】为151.0，如图7-292所示。

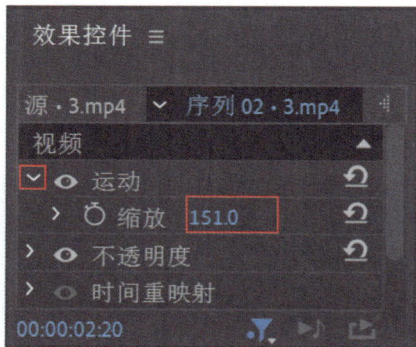

图7-292

步骤/16 此时，画面效果如图7-293所示。

图7-293

步骤/17 继续使用同样方法将其他素材导入【时间轴】面板，并设置合适的持续时间，此时滑动时间线时呈现的画面效果如图7-294所示。

图7-294

步骤/18 在【效果】面板中搜索【白场过渡】效果，并将该效果拖曳到V1轨道"3.mp4"素材的起始位置，如图7-295所示。

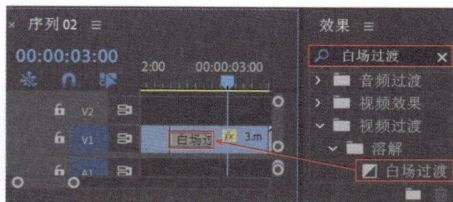

图7-295

步骤/19 选中【白场过渡】效果，在【效果控件】面板中设置【持续时间】为10帧，如图7-296所示。

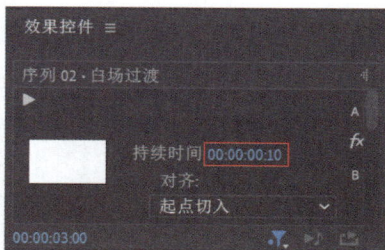

图7-296

步骤/20 在【效果】面板中搜索【白场过渡】效果，并将该效果拖曳到V1轨道"4.mp4"素材的起始位置，如图7-297所示。

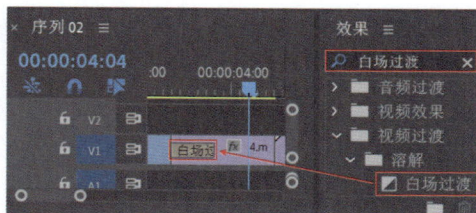

图7-297

步骤/21 选中【白场过渡】效果，在【效果控件】面板中设置【持续时间】为10帧，如图7-298所示。

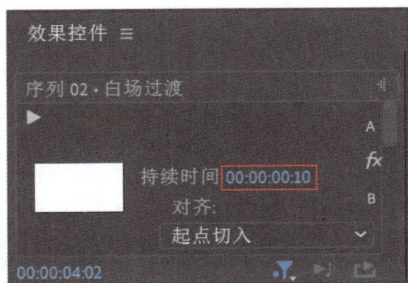

图7-298

步骤/22 此时，滑动时间线时呈现的画面效果如图7-299所示。

图7-299

步骤/23 继续将【效果】面板中的【白场过渡】效果拖曳到其他素材起始位置处，并设置合适的持续时间，如图7-300所示。

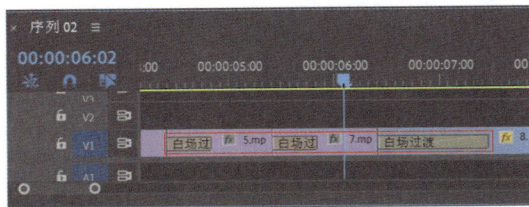

图7-300

步骤/24 此时，滑动时间线时呈现的画面效果如图7-301所示。

步骤/25 将时间线滑动至起始位置，单击【工具】面板中的 T（文字工具）按钮，然后在【节目监视器】面板底部合适位置单击并输入文字，如图7-302所示。

图7-301

图7-302

步骤/26 将时间线滑动至6秒09帧位置处，在【时间轴】面板中设置文字图层的结束时间为6秒09帧，如图7-303所示。

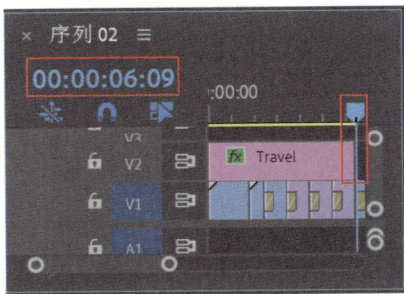

图7-303

步骤/27 选中V2轨道的文字图层，在【效果控件】面板中展开【文本/源文本】卷展栏，设置合适的字体系列和字体样式，设置【字体大小】为150，单击 ▤（右对齐文本）按钮，设置【填充颜色】为白色，接着选中【阴影】复选框，设置【阴影颜色】为深灰色，【不透明度】为75%，【角度】为135°，【距离】为31.3，【大小】为0.0，【模糊】为40，接着展开【变换】卷展栏，设置【位置】为（1216.3，

468.4），如图7-304所示。

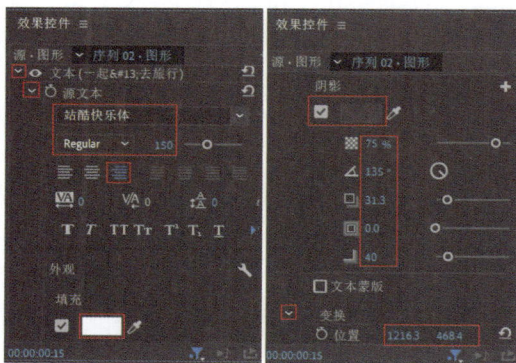

图7-304

步骤/28 此时，画面效果如图7-305所示。

图7-305

步骤/29 继续使用同样方法制作另外一组文字。此时，画面效果如图7-306所示。

图7-306

步骤/30 选中V2轨道的文字图层，将时间线滑动至起始位置，在【效果控件】面板中展开【矢量运动】，单击【缩放】前方的◎（切换动画）按钮，设置【缩放】为0.0，将时间线滑动至8帧位置，设置【缩放】为117，将时间线

滑动至12帧位置处，设置【缩放】为100，接着设置【位置】为（343.5，286.0），【旋转】为-23.0，如图7-307所示。

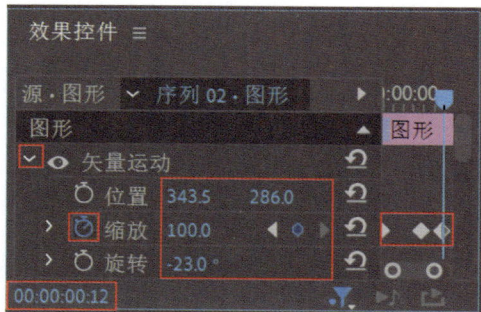

图7-307

步骤/31 此时，滑动时间线时呈现的画面效果如图7-308所示。

图7-308

步骤/32 将时间线滑动至起始位置，在不选中任何图层状态下，单击【工具】面板中的[T]（文字工具）按钮，然后在【节目监视器】面板底部合适位置单击并输入文字，如图7-309所示。

图7-309

步骤/33 选中V3轨道的文字图层，在【效果控件】面板中展开【文本/源文本】卷展栏，

设置合适的字体系列和字体样式，设置【字体大小】为108，设置【填充颜色】为白色，接着选中【阴影】复选框，设置【阴影颜色】为深灰色，【不透明度】为75%，【角度】为135°，【距离】为31.3，【大小】为0.0，【模糊】为40，接着展开【变换】卷展栏，设置【位置】为（586.9,982.7），如图7-310所示。

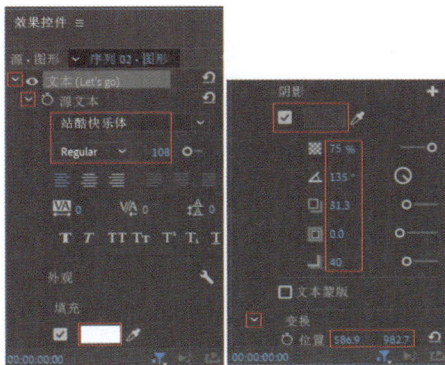

图7-310

步骤/34 单击【工具】面板中的 T（文字工具）按钮，然后在【节目监视器】面板中选中字幕"e"，接着在【效果控件】面板中更改【填充颜色】为黄色，如图7-311所示。

图7-311

步骤/35 此时，画面效果如图7-312所示。

图7-312

步骤/36 继续使用同样方法更改其他文字的颜色。此时，画面效果如图7-313所示。

图7-313

步骤/37 将【项目】面板中的"9.png"素材拖曳到V4轨道上，如图7-314所示。

图7-314

步骤/38 选择V4轨道的"9.png"素材，在【效果控件】面板中展开【运动】卷展栏，设置【位置】为（1110.0,963.8），【缩放】为15.0，如图7-315所示。

图7-315

步骤/39 此时，画面效果如图7-316所示。

步骤/40 在【时间轴】面板中选择V3和V4轨道上的文字和素材，右击并在弹出的快捷菜单中选择【嵌套】命令，如图7-317所示。然后在弹出的对话框中单击【确定】按钮。

图7-316

图7-317

步骤/41 将时间线滑动至1秒20帧位置处，在【时间轴】面板中设置嵌套序列01的结束时间为1秒20帧，如图7-318所示。

图7-318

步骤/42 选中V3轨道的嵌套序列01，将时间线滑动至起始位置，在【效果控件】面板中展开【运动】卷展栏，单击【位置】前方的 （切换动画）按钮，设置【位置】为（-362.0,540.0），将时间线滑动至20帧位置处，设置【位置】为（960.0,540.0），如图7-319所示。

步骤/43 此时，滑动时间线时呈现的画面效果如图7-320所示。

图7-319

图7-320

步骤/44 将时间线滑动至6秒10帧位置处，选中V3轨道的嵌套序列01按住Alt键的同时按住鼠标左键将其拖动到V2轨道6秒10帧位置，将其复制一份，如图7-321所示。

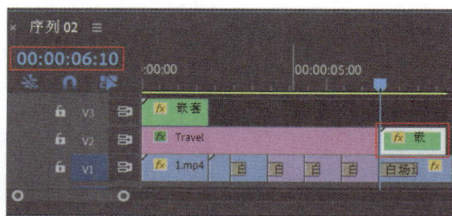

图7-321

步骤/45 选择V2轨道的嵌套序列01，在【效果控件】面板中展开【运动】卷展栏，关闭【位置】关键帧动画，更改【位置】为（1055.5,-433.1），设置【缩放】为236.0，如图7-322所示。

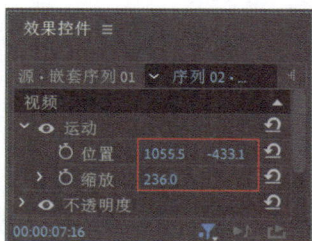

图7-322

步骤 46 此时，画面效果如图7-323所示。

图7-323

步骤 47 此时，本案例制作完成，滑动时间线时呈现的画面效果如图7-324所示。

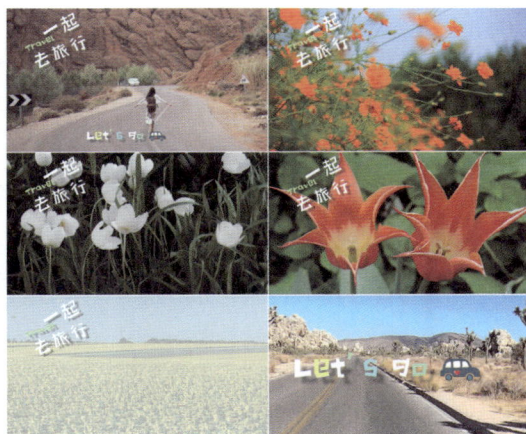

图7-324

读书笔记

读书笔记